AF730543

KRYPTOWÄHRUNGEN FÜR EINSTEIGER LEICHT GEMACHT

EIN NICHT-TECHNISCHER LEITFADEN, UM DIE GRUNDLAGEN ZU VERSTEHEN, WIE EIN PROFI ZU INVESTIEREN UND MIT STEUEROPTIMIERTEN STRATEGIEN LANGFRISTIG VERMÖGEN AUFZUBAUEN

MODERNMIND PUBLICATIONS

© Copyright ModernMind Publications 2025 – Alle Rechte vorbehalten.

Der Inhalt dieses Buches darf ohne die direkte schriftliche Genehmigung des Autors oder des Herausgebers nicht reproduziert, vervielfältigt oder übertragen werden.

Unter keinen Umständen wird der Herausgeber oder der Autor für Schäden, Reparaturen oder finanzielle Verluste, die direkt oder indirekt auf die in diesem Buch enthaltenen Informationen zurückzuführen sind, verantwortlich gemacht oder rechtlich belangt.

Rechtlicher Hinweis:

Dieses Buch ist urheberrechtlich geschützt. Es ist nur für den persönlichen Gebrauch bestimmt. Sie dürfen keinen Teil oder den Inhalt dieses Buches ändern, verteilen, verkaufen, verwenden, zitieren oder umschreiben, ohne die Zustimmung des Autors oder des Herausgebers.

Haftungsausschluss:

Bitte beachten Sie, dass die in diesem Dokument enthaltenen Informationen ausschließlich Bildungs- und Unterhaltungszwecken dienen. Es wurden alle Anstrengungen unternommen, um genaue, aktuelle, zuverlässige und vollständige Informationen zu präsentieren. Es werden keinerlei Garantien erklärt oder impliziert. Die Leser erkennen an, dass der Autor keine rechtliche, finanzielle, medizinische oder professionelle Beratung anbietet. Der Inhalt dieses Buches stammt aus verschiedenen Quellen. Bitte wenden Sie sich an einen zugelassenen Fachmann, bevor Sie die in diesem Buch beschriebenen Techniken anwenden.

Durch das Lesen dieses Dokuments erklärt sich der Leser damit einverstanden, dass der Autor unter keinen Umständen für direkte oder indirekte Verluste verantwortlich ist, die durch die Nutzung der in diesem Dokument enthaltenen Informationen entstehen, einschließlich, aber nicht beschränkt auf Fehler, Auslassungen oder Ungenauigkeiten.

INHALT

Disclaimer:

Die in diesem Buch bereitgestellten Informationen dienen ausschließlich Bildungszwecken und sollten nicht als Finanz-, Investment-, Rechts- oder Steuerberatung angesehen werden. Kryptomärkte sind unvorhersehbar und alle Investitionen bergen inhärente Risiken. Der Autor und der Verlag übernehmen keine Garantie für die Richtigkeit, Vollständigkeit oder Aktualität der bereitgestellten Informationen. Leser sollten ihre eigene Recherche durchführen und sich mit einem qualifizierten Finanzberater sowie mit Rechts- und Steuerexperten beraten, bevor sie Investitionsentscheidungen treffen. Der Autor und der Verlag haften nicht für finanzielle Verluste, die durch die Nutzung der in diesem Buch enthaltenen Informationen entstehen. Vergangene Leistungen sind kein Hinweis auf zukünftige Ergebnisse, und alle Investitionen sind mit Unsicherheiten verbunden.

EINFÜHRUNG

Erinnern Sie sich an Januar 2021? Bitcoin erreichte zum ersten Mal 40.000 Dollar, und die Nachrichten waren voll davon. Ihr Cousin, der noch nie über Geld sprach, verwandelte sich plötzlich in einen Krypto-„Experten". Ein Kollege verabschiedete sich von seinem Job, um sich ganz dem Trading zu widmen. Ihre Mutter fragte besorgt, ob sie „ein bisschen von diesem Internetgeld" kaufen sollte. Die FOMO war allgegenwärtig.

Bis April stieg Bitcoin weiter an und kratzte fast an der 65.000-Dollar-Marke. Ethereum schoss in atemberaubende Höhen. Plötzlich waren da Meme-Coins mit Hunden, Affen-JPEGs und nach Lebensmitteln benannte Token. Menschen verdienten über Nacht Geld, das ihre Leben veränderte. Studenten wurden zu Millionären, und normale Leute quittierten ihre Jobs.

„Ich habe den Anschluss verpasst", dachten Sie vielleicht.

Dann kam der Mai 2021. Absturz. Bitcoin verlor mehr als 50 Prozent seines Wertes. Ethereum traf es noch heftiger. Diese Meme-Coins? Dezimiert. Die Krypto-Bros verstummten. Die Schlagzeilen wandelten sich von „Bitcoin-Millionär"-Stories zu „Krypto-Blase geplatzt". Menschen, die auf dem Höhepunkt gekauft hatten, verloren ihre Ersparnisse. Der Typ, der seinen Job gekündigt hatte? Reichte wieder Lebensläufe ein.

„Gott sei Dank bin ich nicht eingestiegen“, sagten Sie sich.

Schnell sprang die Zeit bis 2022. Mehr Schmerzen. Mehr Abstürze. Der Kollaps von vermeintlich soliden „Blue-Chip“-Kryptounternehmen. FTX implodierte. Luna verschwand. Celsius fror alles ein. Menschen verloren Millionen. Der Krypto-Winter war rigoros und schien nie enden zu wollen.

„Alles Betrug“, sagten viele.

Aber dann passierte 2023 etwas Unerwartetes. Bitcoin starb nicht. Auch Ethereum nicht. Die Technologie entwickelte sich weiter. Die Entwickler arbeiteten im Hintergrund, fernab des Rampenlichts, des Krachens und der Übertreibungen und schufen starke Grundlagen.

Dann folgte das Jahr 2024. Donald Trumps Sieg bei den US-Wahlen im November, zusammen mit seiner Unterstützung für die Kryptowelt, löste eine neue Welle aus. Bitcoin durchbrach seine bisherigen Rekorde. Ethereum stieg wieder an (wenn auch nicht auf ein neues Allzeithoch). Ihr Cousin begann erneut, Ihnen SMS über Kryptowährungen zu schicken.

„Habe ich schon wieder den Anschluss verpasst?“, fragten Sie sich.

Nun schreiben wir März 2025, und Sie staunen erneut über die scheinbaren Abstürze des Marktes, gefolgt von leichten Erholungen und anschließenden weiteren Rückgängen. Was geschieht hier wirklich?

Die Wahrheit ist: Das ist ganz normal auf den Anlagemärkten. Der S&P 500 fällt, erholt sich und fällt dann erneut. Vielleicht nicht so extrem wie Kryptowährungen, aber weder Betrug noch verpasste Chancen sind hier das Thema. Diese Rückgänge schaffen Raum für Erholung und neue Gewinne. Wäre der Markt nie rückläufig und stiege immer nur an, wäre jeder Tag wie der Murmeltiertag, und Krypto-Investitionen verlören ihren Reiz. Sie hätten auch keinen Bestand.

Ich habe gelernt, dass es egal ist, ob die Kurse heute steigen oder fallen. Wichtiger ist es, zu verstehen, was unter den Kurscharts wirklich passiert. Kryptowährungen sind keine einmalige Gelegenheit, die gekommen und gegangen ist. Sie haben echten Wert und werden bleiben.

Nach all den Ereignissen der letzten Jahre bin ich mehr denn je von Kryptowährungen begeistert. Mir wird schwindelig, wenn der Kryptomarkt fällt und unerfahrene Investoren in Panik ihre Werte abstoßen. Denn ich weiß, dass er wieder steigen wird – und das ist meine Chance, mehr zu einem niedrigeren Preis zu kaufen.

Das Besondere an diesem Buch ist, dass ich da war, wo Sie jetzt stehen. Ich habe Fehler gemacht und den Schmerz von Verlusten gespürt. Und ich habe einen besseren Weg gefunden, einen, der weder Glück noch perfektes Timing erfordert.

Als Gründer von ModernMind Publications und ausgebildeter Ingenieur habe ich Jahre in die Erforschung und Investition in Technologie und Kryptowährungen investiert. Mein Ziel ist es, komplexe technische Themen verständlich und für jedermann zugänglich zu machen. Dieses Buch destilliert meine Erkenntnisse und bietet eine klar verständliche, praktische Anleitung für alle, die ein gutes Fundament in diesem Bereich aufbauen möchten.

Dies ist kein weiteres pompöses Krypto-Buch, das „die heißesten Altcoins des Jahres 2025" oder „1.000.000 % Rendite in 6 Monaten" verspricht. Diese Bücher gibt es. Vielleicht interessieren sie Sie. Aber sie führen nicht zu dauerhaftem Erfolg. Sie könnten einmal Glück haben und danach alles verlieren. Oder Sie geben auf, weil Krypto Ihnen „zu volatil" erscheint. Dieses Buch lehrt Sie, langfristig klug zu investieren, damit Ihre Ziele erreichbar werden.

Viele Menschen meiden Kryptowährungen, weil sie zu komplex erscheinen und voller technischer Details stecken, die schwer zu verstehen sind. Der Krypto-Markt und seine Investoren sprechen ihre eigene Sprache mit Begriffen, die viele abschrecken. Wie soll man durch ein Meer aus Akronymen wie HODL und DYOR (Sie werden verstehen, was das bedeutet) navigieren, um die richtigen Investitionsentscheidungen zu treffen? Dieses Buch vereinfacht alles. Sie lernen nicht nur, wie Sie klug investieren, sondern auch, wie Sie Ihr Vermögen mit steuerlich vorteilhaften Strategien mehren und schützen.

Wenn Sie je dachten: „Es ist zu spät für mich" oder „Ich würde es versuchen, aber ich verliere nur mein ganzes Geld", ist dieses Buch genau für Sie geschrieben.

EINFÜHRUNG

Sind Sie bereit für das echte Geschäft? Dieses Buch ist Ihr Leitfaden, um die Feinheiten von Kryptowährungsinvestitionen zu erlernen und zu erkunden, ohne sich eingeschüchtert oder überfordert zu fühlen. Ob Sie neu im Investieren sind oder die Blockchain-Technologie fasziniert: Hier finden Sie das Wissen und die Werkzeuge, die Sie brauchen, um fundierte Investitionsentscheidungen zu treffen. Ich habe alles, was ich gelernt habe, in diesem Buch für Sie zusammengenommen, damit Sie nicht die gleichen kostspieligen Fehler machen müssen wie ich oder Ihrem Ehepartner erklären müssen, dass Sie den College-Fonds Ihres Kindes verloren haben.

Wenn Sie neu im Bereich der Kryptowährungsinvestitionen sind, sollten Sie klein anfangen. Lernen Sie die Grundlagen und entwickeln Sie eine Strategie. Alles wird in klare Schritte unterteilt, wobei jedes Kapitel auf dem vorherigen aufbaut, um Ihnen ein solides Fundament an Wissen zu geben, auf dem Sie sofort handeln können.

Sie beginnen mit den Grundlagen der Kryptowährung und der Blockchain-Technologie und gehen dann zu den wichtigen Coins wie Bitcoin, Ethereum und anderen Altcoins über, die aktuell im Gespräch sind. Sie erfahren, wie Sie Ihr Vermögen sicher in der richtigen Wallet aufbewahren, eine geeignete Börse für den Handel auswählen und Strategien entwickeln, die Ihren Zielen entsprechen. Wir behandeln, wie man Coins und die zugrunde liegende Technologie bewertet, um intelligente Investitionen zu tätigen, die das Potenzial haben, langfristig erhebliche Renditen zu erzielen. Ich habe sogar einige ChatGPT-Aufforderungen eingefügt, um Ihnen den Einstieg zu erleichtern. Wir sprechen über wichtige Themen wie Trends, steuerliche Grundlagen und wie man in dieser Branche auf dem Laufenden bleibt. Ebenso besprechen wir, wie man legal in Kryptowährungen investieren kann, ohne dass man jemals Steuern auf seine Gewinne zahlen muss.

Am Ende des Kurses haben Sie eine solide Basis für Investitionen in Kryptowährungen, ein verständliches Bild davon, wie die Technologie funktioniert, und die notwendigen Strategien, um klug zu investieren und Ihren finanziellen Zielen näher zu kommen. Die Zukunft der Finanzen und des Investierens entwickelt sich direkt vor unseren Augen, und Sie wollen nicht zurückbleiben.

Fangen wir an!

1 URSPRÜNGE DER KRYPTOWÄHRUNG UND GRUNDLAGEN DER BLOCKCHAIN

Es war einmal, im Jahr 2010, als ein Programmierer namens Laszlo Hanyecz zwei Pizzen kaufte. Normalerweise würde es niemanden kümmern, wenn jemand ein paar Pizzen kauft, oder? Doch Hanyecz bezahlte diese Pizzen mit 10.000 Bitcoins.

Heute wären dieselben Bitcoins etwa 850.000.000 Dollar wert. Kein Tippfehler.

Damals war es kein schlechter Deal – Bitcoin hatte kaum einen Wert, und niemand konnte erahnen, was daraus werden würde. Laszlo bereut es bis heute nicht. "Ich finde es großartig, Teil der frühen Bitcoin-Geschichte gewesen zu sein", sagte er später. Das ist das Spannende an Geschichte: Man weiß nie, wann man sie schreibt.

Dieser Pizzakauf war das erste Mal, dass Bitcoin für einen realen Kauf verwendet wurde. Ein Moment, der zeigte, dass digitales Geld funktionieren kann – ein skurriles Experiment, das den Weg für etwas Größeres ebnet.

Was genau ist also Kryptowährung? Warum spielt sie eine wichtige Rolle? Und wie wurde ein digitaler Coin, der von einem anonymen Programmierer geschaffen wurde, zur globalen Finanzmacht?

All das beginnt mit **Bitcoin**.

Wo alles anfing

Bitcoin war nicht bloß eine zufällige Idee. Es war eine Reaktion. Eine Antwort auf ein Finanzsystem, das Millionen Menschen im Stich gelassen hatte.

Reisen wir zurück ins Jahr 2008, als der Immobilienmarkt in den USA kollabierte. Banken vergaben riskante Kredite, als wären es Bonbons bei einem Umzug, solange die Profite stimmten. Viele Menschen nahmen Schulden auf, die sie sich nicht leisten konnten. Als die Blase platzte, brach alles in sich zusammen. Die Aktienmärkte fielen, Banken schlossen ihre Türen, und die Regierungen versuchten, das Chaos mit Steuergeldern zu beseitigen, indem sie ausgerechnet die Institutionen retteten, die die Krise verursacht hatten.

Die Menschen waren empört. Das Finanzsystem schien komplett fehlerhaft.

Im Oktober desselben Jahres wurde ein Whitepaper mit dem Titel *„Bitcoin: A Peer-to-Peer Electronic Cash System"* online veröffentlicht. Verfasst wurde es von jemandem namens Satoshi Nakamoto. Doch wer war Satoshi Nakamoto? Eine Einzelperson? Eine Gruppe? Niemand wusste es.

Die Idee? Eine neue Art von Geld. Eine Währung, die nicht von Regierungen kontrolliert wird. Ein System, mit dem Menschen direkt miteinander Zahlungen austauschen können, ohne Bank oder andere Vermittler.

Dezentralisierung, Transparenz und Sicherheit sind die Grundprinzipien dieses Systems. Was das genau bedeutet, erklären wir Ihnen im Folgenden:

- **Dezentralisierung**: Sie haben die Kontrolle über Ihr Geld. Bei Kryptowährungen benötigen Sie keine Erlaubnis von einer Bank, um auf Ihre Mittel zuzugreifen oder sie zu überweisen. Niemand kann Ihr Konto einfrieren oder Ihnen vorschreiben, wie Sie Ihr Geld verwenden sollen.
- **Transparenz**: Sie behalten den Überblick. Jede Transaktion wird in einem öffentlichen Hauptbuch aufgezeichnet. Sie können diese Transaktionen selbst einsehen, anstatt einer Bank blind vertrauen zu müssen.

- **Sicherheit**: Transaktionen sind unumkehrbar. Sie basieren auf einer neuen Technologie namens Blockchain, die es nahezu unmöglich macht, bestätigte Transaktionen im Nachhinein zu verändern.

Darüber hinaus sind einige Kryptowährungen inflationsgeschützt. Regierungen können unbegrenzt traditionelles Geld drucken, um die Wirtschaft zu stimulieren. Das mag kurzfristig helfen, schwächt aber langfristig den Wert der Währung. Im Gegensatz dazu haben manche Kryptowährungen, darunter auch Bitcoin, ein festes Angebot. Diese Begrenzung schützt vor Inflation, da nicht beliebig viele Einheiten geschaffen werden können.

Am 3. Januar 2009 wurde Bitcoin offiziell gestartet, als der erste Block der Blockchain, der sogenannte **Genesis-Block**, geschürft wurde. Darin war eine versteckte Nachricht eingebettet:

„The Times 03/Jan/2009 Chancellor on brink of second bailout for banks.“

(„The Times 03/Jan/2009 Kanzler am Rande der zweiten Rettungsaktion für Banken.“)

Das war nicht nur ein Zeitstempel. Es war ein Statement. Ein stiller, aber deutlicher Protest gegen ein Finanzsystem, das unter seinem eigenen Gewicht zusammengebrochen war.

Um besser zu verstehen, wie all das funktioniert, werfen wir nun einen genaueren Blick auf die Technologie, auf der Kryptowährungen basieren.

Die Technik hinter Bitcoin

Hinter jeder Kryptowährung steht die **Blockchain-Technologie**. Im Grunde genommen ist eine Blockchain, wie der Name schon sagt, eine Kette von Blöcken. Diese Blockkette fungiert als dezentrales Hauptbuch, wobei jeder Block im Wesentlichen eine Sammlung von Aufzeichnungen, zum Beispiel Transaktionen, darstellt.

Jeder Block besteht aus drei Hauptkomponenten:

- einem **Zeitstempel**, der angibt, wann die Transaktionen stattgefunden haben
- den **Transaktionsdaten**, die festhalten, wer was an wen gesendet hat
- und einem **einzigartigen kryptografischen Hash**, einem digitalen Fingerabdruck, denn kein Block hat denselben Hash.

Zusätzlich speichert jeder Block den Hash des vorherigen Blocks. So werden sie in einer dokumentierten Reihenfolge miteinander verbunden und bilden eine fortlaufende Kette. Sollte jemand versuchen, einen früheren Block zu verändern, müsste er alle nachfolgenden Blöcke erneut berechnen und validieren. Das macht Manipulation nahezu unmöglich und trägt entscheidend zur Sicherheit der Blockchain bei.

Die Blockchain wird über ein Peer-to-Peer-Netzwerk (P2P) betrieben, in dem mehrere Teilnehmer, sogenannte **Knoten**, Daten validieren und speichern. Im Kern müssen sich mehrere Teilnehmer darauf einigen, dass die Daten eines Blocks gültig sind, bevor dieser zur Kette hinzugefügt werden kann. Dieser Prozess wird als **Konsensmechanismus** bezeichnet, und jede Blockchain nutzt eine eigene Form davon. Diese dezentrale Validierung stellt sicher, dass keine einzelne Person oder Organisation die Kontrolle über die Blockchain hat oder allein entscheidet, welche Transaktionen zulässig sind.

Der Konsensmechanismus, den die Bitcoin-Blockchain verwendet, heißt Proof of Work (PoW). Um dieses Verfahren besser zu verstehen, sehen wir uns seine Funktionsweise genauer an.

Der Proof of Work (PoW) Konsensmechanismus

Beim Proof of Work treten **Miner** mit leistungsstarken Computern gegeneinander an, um ein komplexes kryptografisches Rätsel zu lösen. Dieser Prozess, bekannt als **Hashing**, umfasst die Suche nach einem gültigen Hash, also einem einzigartigen digitalen Fingerabdruck, für einen neuen Block.

Bevor Miner mit der Arbeit beginnen, werden Bitcoin-Transaktionen an das Netzwerk gesendet und zunächst von sogenannten **Full Nodes** validiert. Diese prüfen, ob die Transaktionen den Bitcoin-Regeln entsprechen, etwa ob der Absender über genügend Guthaben verfügt und die Signaturen korrekt sind.

Nach der Validierung gelangen die Transaktionen in den **Mempool**, eine Art Wartebereich für ausstehende Transaktionen. Miner wählen Transaktionen aus dem Mempool aus und erstellen daraus einen Block. Dabei bevorzugen sie meist Transaktionen mit höheren Gebühren, da diese zu einer höheren Belohnung führen.

Um den Block zu validieren, probieren die Miner wiederholt verschiedene Hash-Werte aus, bis sie einen finden, der dem „Schwierigkeitsziel" des Netzwerks entspricht. Da jeder neue Block mit dem Hash des vorherigen verknüpft ist, steigt die Schwierigkeit mit der Größe und Sicherheit des Netzwerks. Dieser Prozess erfordert enorme Rechenleistung und ist sehr energieintensiv.

Sobald ein Miner erfolgreich einen gültigen Hash gefunden hat, sendet er den neuen Block an das Netzwerk. Andere Knoten überprüfen anschließend den Block und seine Transaktionen, um sicherzustellen, dass er den Konsensregeln entspricht und der Proof of Work gültig ist.

Wenn der Block akzeptiert wird, wird er dauerhaft zur Blockchain hinzugefügt. Der Miner erhält dafür die Blockbelohnung, bestehend aus neu generierter Kryptowährung sowie den Transaktionsgebühren der enthaltenen Transaktionen.

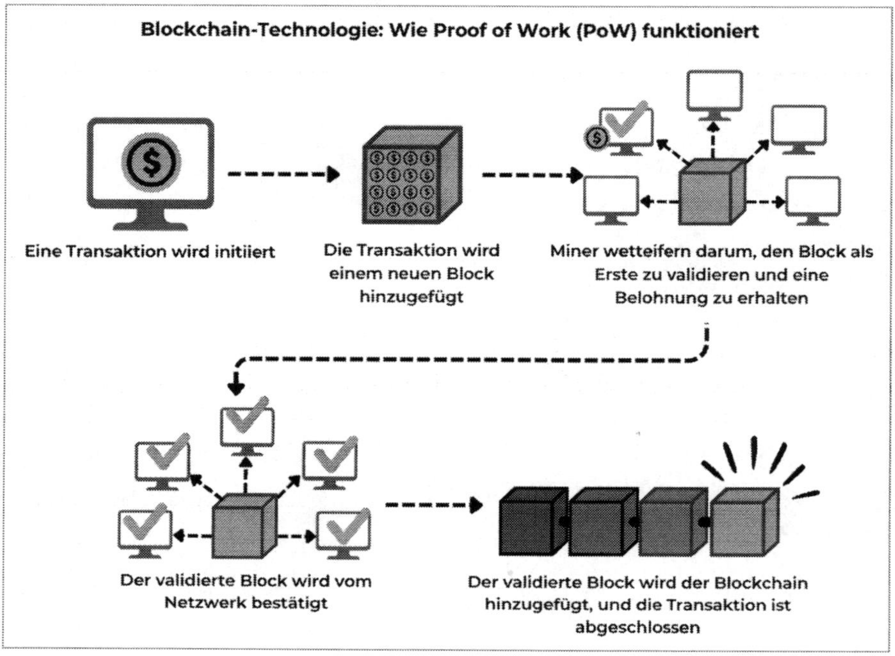

Proof of Work ist nicht der einzige existierende Konsensmechanismus. Andere Blockchains verwenden unterschiedliche Verfahren, zum Beispiel **Proof of Stake (PoS)**, **Delegated Proof of Stake (DPoS)**, **Proof of Authority (PoA)** oder **Proof of History (PoH)**. Die am weitesten verbreiteten sind jedoch Proof of Work und Proof of Stake. Grundsätzlich basieren alle Konsensmechanismen darauf, dass mehrere Knoten Transaktionen bestätigen müssen, bevor sie dauerhaft in die Blockchain übernommen werden. Auf weitere Konsensmechanismen werden wir später im Buch eingehen, wenn wir unterschiedliche Blockchains im Detail betrachten.

Bitcoins Knappheit und Halbierungsereignisse

Etwa alle vier Jahre wird die Bitcoin-Belohnung halbiert, wodurch sich die Mining-Erträge verringern. Das bedeutet, dass weniger neue Bitcoins in Umlauf gelangen. Historische Daten zeigen, dass solche Halbierungen aufgrund des sinkenden Angebots häufig zu deutlichen Preissteigerungen führen. Die letzte Halbierung fand am 20. April 2024 statt und reduzierte die Blockbelohnung von 6,25 auf 3,125 BTC. Die nächste Halbierung wird um den 17. April 2028 erwartet, auch wenn das genaue Datum noch nicht feststeht.

Der anhaltende Einfluss von Bitcoin

Seit der Einführung von Bitcoin hat sich die Blockchain-Technologie erheblich weiterentwickelt. Während Bitcoin in erster Linie als digitales Wertaufbewahrungsmittel gilt, sind in der Zwischenzeit zahlreiche andere Blockchains entstanden, die neue technologische Lösungen für die Finanz- und Geschäftswelt hervorgebracht haben. Im weiteren Verlauf dieses Buches werden wir diese Entwicklungen im Detail betrachten.

Warum bleibt Bitcoin trotz all dieser Innovationen so bedeutsam? Der Hauptgrund liegt in seinem begrenzten Angebot von 21 Millionen Einheiten. Diese Knappheit verleiht ihm einen ähnlichen Status wie Gold, weshalb er oft als „digitales Gold" bezeichnet wird. Über die Jahre hinweg hat Bitcoin eine dominante Rolle im Kryptowährungsmarkt eingenommen. Steigt der Preis von Bitcoin, folgen in der Regel auch viele Altcoins, also alternative Kryptowährungen, diesem Aufwärtstrend.

In den nächsten Kapiteln werden wir andere Kryptowährungen unter die Lupe nehmen, beginnend mit Ethereum, und anschließend eine Vielzahl weiterer Projekte betrachten. Um zu verstehen, warum sich der Kryptomarkt so entwickelt hat, wie wir ihn heute kennen, ist es wichtig, auch die Herausforderungen zu verstehen, denen sich die Blockchain-Technologie gegenübersieht.

Herausforderungen und Beschränkungen der Blockchain

Hier sind einige der Hürden, deren Überwindung sich die Kryptoindustrie zum Ziel gesetzt hat:

- **Skalierbarkeitsprobleme**: Die ersten Blockchains wie Bitcoin und Ethereum können nur eine begrenzte Anzahl von Transaktionen pro Sekunde verarbeiten. Zum Vergleich: Visa und Mastercard schaffen in derselben Zeit tausende. Mit der zunehmenden Verbreitung von Kryptowährungen wurde dieses Missverhältnis zu einem immer größeren Problem.

- **Regulatorische Ungewissheit**: Weltweit bemühen sich Regierungen noch immer, einen rechtlichen Rahmen für Blockchain und Kryptowährungen zu schaffen. Unklare Vorschriften können die Einführung hemmen und für Unternehmen ein erhebliches Risiko darstellen.
- **Energieverbrauch**: Blockchains, die auf Proof of Work (PoW) basieren, benötigen erhebliche Mengen an Energie, um Transaktionen zu validieren.
- **Hürden bei Einführung und Integration**: Viele Branchen verfügen nicht über das notwendige technische Know-how, um Blockchain-Lösungen zu implementieren. Unternehmen müssen sorgfältig abwägen, ob Kosten, Sicherheitsaspekte und regulatorische Anforderungen die Einführung rechtfertigen.

Die Kryptowelt bringt zudem ihre ganz eigene Sprache mit sich – voller Fachbegriffe, Abkürzungen und Slang. Für Einsteiger kann das schnell überfordernd wirken. Dennoch ist es wichtig, sich mit dieser Terminologie vertraut zu machen: um Betrug zu erkennen, fundierte Investitionsentscheidungen zu treffen, sich in Diskussionen mit Expertinnen und Experten einzubringen und Sicherheitspraktiken zu verstehen, die Ihre Investitionen schützen.

Wie man Krypto spricht

Dieser Abschnitt ist Ihr Crashkurs in der Sprache der Kryptowelt. Sobald Sie diese Begriffe kennen, können Sie Gesprächen folgen, Chancen besser einschätzen und Ihr digitales Geld sicher verwalten.

- **Zentralisierte Exchanges (CEXs)**: Plattformen wie Coinbase oder Binance, die wie klassische Börsen funktionieren und Käufer mit Verkäufern zusammenbringen. Sie können dort Fiatgeld einzahlen, um Kryptowährungen zu kaufen oder zu verkaufen. Diese Börsen sind benutzerfreundlich, erfordern aber, dass Sie dem Unternehmen Ihr Geld anvertrauen.
- **Dezentralisierte Exchanges (DEXs)**: Plattformen, auf denen Nutzer direkt miteinander handeln können – ohne

Zwischenhändler. Sie bieten mehr Kontrolle, sind für Einsteiger jedoch oft etwas komplexer. Mehr dazu in Kapitel 5.

- **Hot Wallets (internetverbundene Wallets)**: Wallets, die mit dem Internet verbunden sind. Sie eignen sich für häufige Transaktionen, sind jedoch anfälliger für Angriffe. Beispiele sind MetaMask oder Trust Wallet.
- **Cold Wallets (Offline-Wallets)**: Wallets oder Geräte, die nicht mit dem Internet verbunden sind. Sie bieten höhere Sicherheit, sind aber weniger praktisch im Alltag. Beliebte Optionen sind Ledger oder Trezor.
- **Public Key (öffentlicher Schlüssel)**: Ihre Wallet-Adresse, vergleichbar mit einer Kontonummer. Sie können diese Adresse bedenkenlos weitergeben.
- **Private Key (privater Schlüssel)**: Ihr Passwort für den Zugriff auf Ihre Kryptowährungen. Diesen sollten Sie niemals mit anderen teilen.
- **Seed Phrase (Wiederherstellungsphrase)**: Eine Abfolge von 12 bis 24 Wörtern, mit der Sie Ihre Wallet wiederherstellen können, falls Ihr Gerät verloren geht oder beschädigt wird. (Mehr zu Wallets und Sicherheit in Kapitel 4.)

Krypto-Community-Slang

- **HODL**: Halten Sie Ihre Kryptowährung langfristig, unabhängig von Kursschwankungen. Ursprünglich ein Tippfehler von „Hold“, heute fester Bestandteil der Krypto-Sprache.
- **FOMO**: Fear Of Missing Out – die Angst, eine Gelegenheit zu verpassen. Führt oft dazu, in steigende Märkte einzusteigen, ohne gründlich zu analysieren.
- **Whale**: Jemand, der so viel Kryptowährung besitzt, dass seine Bewegungen den Markt beeinflussen können.
- **DYOR**: Do Your Own Research – machen Sie Ihre Hausaufgaben, bevor Sie investieren.
- **Pump and Dump**: Ein Schema, bei dem ein Coin künstlich aufgebläht wird, nur damit die Initiatoren ihn mit Gewinn verkaufen und der Kurs danach abstürzt.

- **BTC**: Bitcoin
- **ETH**: Ethereum
- **NFT**: Non-Fungible Token – einzigartige digitale Vermögenswerte
- **DeFi**: Dezentrales Finanzwesen – Finanzanwendungen ohne zentrale Vermittler
- **ATH**: All-Time High – der höchste Preis, den ein Asset jemals erreicht hat

Krypto-Transaktion: Ein Beispiel aus der Praxis

Sehen wir uns an, wie eine typische Bitcoin-Transaktion funktioniert:

1. **Casey kauft Bitcoin auf Binance.** Er registriert sich, kauft 0,01 BTC, die auf seinem Börsenkonto verbleiben.

2. **Casey überträgt die Bitcoin an sein Trust Wallet.** Er kopiert seine Wallet-Adresse aus Trust Wallet, fügt sie im Binance-Auszahlungsformular ein und schließt die Überweisung ab.

3. **Drew möchte Bitcoin empfangen und sendet seine Adresse.** Caseys Freund Drew gibt ihm seinen öffentlichen Schlüssel.

4. **Casey sendet die Bitcoin.** Er öffnet Trust Wallet, wählt „Senden", trägt Drews Adresse und den Betrag (0,01 BTC) ein und bestätigt. Die Transaktion beinhaltet eine kleine Netzwerkgebühr.

5. **Bitcoin-Miner verarbeiten die Transaktion.** Sie wird verifiziert und der Blockchain hinzugefügt.

6. **Drew erhält die Bitcoin.** Die 0,01 BTC erscheinen in seiner Wallet.

Von den bescheidenen Anfängen bis zur heutigen Billionen-Dollar-Industrie haben sich die grundlegenden Transaktionsprinzipien nicht verändert.

Im nächsten Kapitel werfen wir einen genaueren Blick auf Ethereum und erfahren, wie es auf dem Fundament von Bitcoin aufbaut und zu einer der einflussreichsten Plattformen der Kryptowelt geworden ist.

2 ETHEREUM: EINE NEUE VISION FÜR BLOCKCHAIN

Bitcoin hat die Welt mit dezentralem, digitalem Geld bekannt gemacht, doch es war die Vision eines jungen Mannes, die die Blockchain-Technologie in eine völlig neue Richtung lenkte.

Im Jahr 2013 hatte der damals 19-jährige Vitalik Buterin eine entscheidende Erkenntnis: Bitcoin war beeindruckend, aber in seinen Möglichkeiten begrenzt.

„Was wäre, wenn die Blockchain mehr könnte als nur Geld verschicken?", fragte er sich.

Vitalik stellte sich eine Art globalen Computer vor, der auf der Blockchain läuft. Die Idee war so vielversprechend, dass er schnell andere brillante Köpfe für sein Projekt gewinnen konnte. Gavin Wood, Charles Hoskinson, Joseph Lubin und weitere Mitstreiter schlossen sich ihm an, um das Konzept in die Realität umzusetzen. So entstand Ethereum.

Die Finanzierung erfolgte über einen der ersten großen Kryptowährungs-Crowdsales im Jahr 2014. Frühe Unterstützer kauften Ether (das native Token von Ethereum) mit Bitcoin und sammelten auf diese Weise rund 18 Millionen Dollar.

Ethereum wurde schließlich am 30. Juli 2015 gestartet. Die Blockchain unterstützte von Anfang an weit mehr als einfache Transaktionen und ermöglichte eine Vielzahl komplexer Anwendungen. Diese Flexibilität machte Ethereum zu einer der am weitesten verbreiteten Kryptowährungen und zur Grundlage für zahlreiche Innovationen im Blockchain-Bereich.

Das zentrale Element? **Smart Contracts (Intelligente Verträge)**.

Sie veränderten das Spiel grundlegend. Doch bevor sie ihr volles Potenzial entfalten konnten, musste die zugrunde liegende Infrastruktur ein umfassendes Upgrade erhalten.

Die Entwicklung der Infrastruktur von Ethereum

Mit der steigenden Beliebtheit von Ethereum wuchsen auch die Bedenken hinsichtlich seiner Skalierbarkeit und des Energieverbrauchs. Wie Bitcoin nutzte Ethereum zunächst den Proof-of-Work-Konsensmechanismus. Dieser Mining-Prozess war langsam, teuer und verbrauchte große Mengen Energie.

Ein erheblicher Teil dieser Energie stammte aus fossilen Brennstoffen, was zu erheblichen Kohlenstoffemissionen führte und Fragen zur ökologischen Nachhaltigkeit aufwarf. Die Auswirkungen reichten weit über den globalen Energieverbrauch hinaus und betrafen auch lokale Gemeinschaften, Ökosysteme und Volkswirtschaften.

In Ländern wie Kasachstan und Russland betrieben einige Mining-Unternehmen Anlagen mit Kohlekraftwerken, die den CO_2-Ausstoß noch verstärkten. In Teilen Südamerikas wiederum führte illegaler Bergbau zu Entwaldung und Zerstörung von Lebensräumen.

Das Ethereum-Team erkannte, dass es eine Alternative brauchte.

Der Ethereum 2.0 Fork: Von PoW zu PoS

2022 sorgte Ethereum mit dem sogenannten „Merge“ für Schlagzeilen. Das Netzwerk stellte auf einen neuen, deutlich energieeffizienteren Konsensmechanismus um: **Proof of Stake**.

Proof of Stake (PoS) verfolgt dasselbe Ziel wie Proof of Work, nämlich die Validierung von Transaktionen, die Erstellung neuer Blöcke und die Sicherung der Blockchain, setzt aber auf ein völlig anderes Verfahren.

Anders als bei PoW müssen keine rechenintensiven Rätsel gelöst werden. Stattdessen übernehmen sogenannte **Validatoren** die Aufgabe der Blockvalidierung.

Um Validator zu werden, müssen Nutzer eigene Coins einsetzen, also als Sicherheit hinterlegen. Je mehr Coins jemand einsetzt, desto höher ist die Chance, ausgewählt zu werden, um den nächsten Block zu validieren.

Nach der Auswahl prüft der Validator, ob alle Transaktionen im Block korrekt sind, ähnlich wie es Miner im PoW-System tun. Wenn der Block gültig ist, wird er ans Netzwerk gesendet und dort von weiteren Knoten validiert. Sobald genügend Knoten zugestimmt haben, wird der Block in die Blockchain aufgenommen. Als Belohnung erhält der Validator meist einen Anteil der Transaktionsgebühren oder neu generierte Kryptowährung.

Diese Umstellung löste nicht alle Herausforderungen, war aber ein großer Fortschritt. Ethereum hat weiterhin mit Problemen wie hohen Gebühren und begrenzter Transaktionskapazität zu kämpfen. Doch der Merge senkte den Energieverbrauch des Netzwerks Schätzungen zufolge um 99,5 Prozent und schuf die Grundlage für eine nachhaltigere Skalierbarkeit.

Damit war auch der Weg frei für die nächste Entwicklungsstufe von Smart Contracts.

Automatisierung von Transaktionen und Prozessen mit Smart Contracts

Die Ethereum-Blockchain wurde von Anfang an so konzipiert, dass sie programmierbar ist. Das Team schuf eine Turing-komplette virtuelle Maschine, die **Ethereum Virtual Machine**, kurz **EVM**.

Mit der EVM können Entwickler Smart Contracts schreiben und ausführen. Solche Verträge ermöglichen die Entwicklung vollständiger Anwendungen, die ohne Banken, Zahlungsabwickler oder zentrale Plattformen funktionieren. Und das Beste daran: Diese Anwendungen laufen eigenständig. Es müssen keine Server gewartet werden, und kein Unternehmen kann Ihr Konto sperren. Es gibt keine Zahlungsabwickler, die bei jeder Transaktion mitverdienen.

Die wahre Magie entfaltet sich, wenn sich diese Verträge zu ganzen Ökosystemen verbinden: Kreditplattformen, auf denen Sie Geld leihen können, ohne eine Bank zu betreten. Marktplätze, auf denen Künstler direkt an Fans verkaufen, ohne dass eine Plattform 30 % einbehält. Spiele, in denen Ihr digitales Schwert oder Grundstück wirklich Ihnen gehört – etwas, das Sie verkaufen oder vermieten können, und zwar für echtes Geld. Sie möchten Ihr Haus verkaufen? Ein Smart Contract kann das Geld treuhänderisch verwalten, die Übertragung der Urkunde prüfen und die Zahlung sofort freigeben, selbst um 3 Uhr morgens an einem Sonntag.

Sehen wir uns ein reales Beispiel an, um zu verstehen, wie das funktioniert:

Ein einfacher Escrow-Vertrag in Aktion

1. Lena möchte Kais digitale Kunstwerke kaufen.
2. Sie nutzt einen Smart Contract als Treuhänder.
3. Lena sendet 1 ETH an die Vertragsadresse.
4. Der Vertrag notiert: „Lena hat 1 ETH für Kais Kunstwerk hinterlegt."
5. Kai sieht diese Einzahlung in der Blockchain bestätigt.
6. Kai sendet Lena das digitale Kunstwerk als Token.
7. Der Vertrag bestätigt den Erhalt: „Kai sendet Kunstwerke an Lena."
8. Der Vertrag gibt automatisch die 1 ETH an Kai frei.

Jeder Schritt ist:

- Verifiziert durch mehrere Knoten im Netzwerk
- Dauerhaft aufgezeichnet
- Sichtbar für beide Parteien
- Automatisch, sobald alle erforderlichen Bedingungen erfüllt sind

Kurz gesagt: Ethereum hat die Kernprinzipien von Bitcoin – Dezentralisierung, Sicherheit und Transparenz – übernommen und sie zu einer vollständig programmierbaren Blockchain weiterentwickelt.

Trends bei der Einführung von Smart Contracts

Immer mehr Akteure aus unterschiedlichen Branchen erkennen den Wert von Smart Contracts. Diese Technologie revolutioniert bestehende Prozesse in der Finanzwelt, der Kunst und vielen anderen Bereichen:

- **DeFi (Decentralized Finance)**: Smart Contracts machen Banken bei der Kreditvergabe und -aufnahme überflüssig.
- **NFT-Integration**: Smart Contracts regeln Besitz, Handel und die Verteilung von Tantiemen für digitale
- **Unternehmensprozesse**: Firmen nutzen Smart Contracts zur Automatisierung der Lieferkette, zur Einhaltung von Vorschriften und zur Optimierung interner Abläufe.

Wie Smart Contracts verwendet werden

Hier sind einige konkrete Anwendungen in der Praxis:

Liegenschaften

Der Kauf oder Verkauf von Immobilien war schon immer eine mühsame Angelegenheit mit zahlreichen Mittelsmännern, juristischem Papierkram und langwierigen Prüfverfahren. Smart Contracts automatisieren diese Prozesse durch:

- Automatisierte Eigentumsübertragung nach Zahlungseingang
- Ausschluss von Banken
- Höhere Transparenz und Betrugsprävention durch permanente Blockchain-Aufzeichnungen

Immobilientransaktionen könnten so innerhalb von Minuten statt Wochen abgewickelt werden, und das zu deutlich geringeren Kosten.

Management der Lieferkette

Moderne Lieferketten sind komplex und fehleranfällig. Produkte werden beschädigt, falsch etikettiert, gehen verloren oder werden gestohlen. Smart Contracts schaffen eine transparente Aufzeichnung, die jede Etappe der Produktreise von der Fabrik bis zum Verkauf dokumentiert:

- Automatisierte Auftragsabwicklung und Zahlungen bei bestätigter Lieferung
- Sendungsverfolgung in Echtzeit
- Digitaler Herkunftsnachweis der Produkte

Beispiel: Walmart arbeitet mit IBM zusammen, um mit Blockchain-Technologie die Rückverfolgbarkeit von Lebensmitteln zu verbessern und das Risiko von Verunreinigungen zu senken.

Versicherung

Haben Sie schon einmal einen Versicherungsantrag gestellt und ewig auf eine Antwort gewartet – nur um dann eine Ablehnung zu erhalten? Herkömmliche Versicherungsprozesse ziehen sich oft unnötig in die Länge. Smart Contracts schaffen hier Abhilfe durch:

- Sofortige Prüfung von Ansprüchen anhand der in der Blockchain gespeicherten Daten
- Automatische Auszahlung, sobald die Bedingungen erfüllt sind
- Minimierung von Betrugsrisiken durch transparente Aufzeichnung aller Forderungen

Eine Flugverspätungsversicherung auf Basis intelligenter Verträge könnte zum Beispiel automatisch auszahlen, sobald Echtzeit-Flugdaten eine Verspätung bestätigen.

Gesundheitswesen

Wir alle kennen diese Krimis, in denen Hacker die Computer eines Krankenhauses übernehmen, Malware einschleusen und ein hohes Lösegeld fordern. „Zahlen Sie in 24 Stunden, oder die Patienten sterben." Das klingt dramatisch – aber Cyberangriffe auf Krankenhäuser sind häufiger, als man denkt.

Medizinische Daten sind für Hacker extrem wertvoll. Sie enthalten alles – Identitäten, finanzielle Details, private Gesundheitsinformationen. Ein einziger Verstoß kann zu Identitätsdiebstahl, leeren Bankkonten oder sogar zu gefälschten medizinischen Behandlungen auf den Namen einer anderen Person führen. Diese Daten sicher zu halten, ist eine große Herausforderung.

Smart Contracts können hier helfen:

- Sichere Speicherung und kontrollierter Zugriff auf Patientenakten
- Patienten können den Zugang selbst gewähren
- Automatisierte Rechnungs- und Versicherungsbearbeitung basierend auf verifizierten medizinischen Verfahren

Mit Blockchain-gestütztem Datenschutz können Gesundheitsdienstleister die Sicherheit erhöhen und gleichzeitig den Datenaustausch zwischen Krankenhäusern und Forschungseinrichtungen reibungslos ermöglichen. Die estnische Regierung hat Blockchain-basierte Krankenakten bereits in ihr Gesundheitssystem integriert.

Digitale Identität

Identitätsdiebstahl und Datenschutzverletzungen nehmen stetig zu. Viele von uns haben mehrere Online-Konten, in denen persönliche Daten gespeichert sind. Blockchain bietet einen dezentralen Weg zur Verifizierung von Identitäten, ohne auf zentrale Datenbanken angewiesen zu sein.

- Sichere, fälschungssichere Identitätsprüfung
- Geringeres Betrugsrisiko, da Nutzer ihre Anmeldedaten selbst kontrollieren
- Keine Passwörter nötig – dank kryptografischer Authentifizierung

Mit Blockchain-basierten Identitätssystemen können Menschen ihre Identität für Bank-, Gesundheits- und Online-Dienste nachweisen, ohne sensible persönliche Daten preisgeben zu müssen.

Das ION-Projekt von Microsoft zeigt, wie dezentralisierte Identitäten Logins und Verifizierungen ohne die klassische Beteiligung Dritter ermöglichen.

Finanzen und Bankwesen

Blockchain rationalisiert Finanztransaktionen durch eine dezentralisierte, transparente Alternative zum traditionellen Bankwesen.

- Sofortige grenzüberschreitende Zahlungen ohne Genehmigung durch Dritte

- Geringere Transaktionskosten, da Bankvermittler entfallen
- Erhöhte Sicherheit durch verschlüsselte, fälschungssichere Transaktionsaufzeichnungen

Mit Blockchain-basierten Finanzdiensten können Privatpersonen und Unternehmen Geld effizienter senden und empfangen – mit deutlich weniger Abhängigkeit von traditionellen Banken.

Fallstudie: Wie Blockchain das globale Bankwesen bei JPMorgan Chase verändert hat

JPMorgan Chase ist ein Schwergewicht im globalen Finanzwesen – mit mehr als 3,2 Billionen Dollar verwalteter Vermögenswerte und Millionen Kunden weltweit. Und doch betrachtete selbst dieser Bankriese Blockchain zunächst mit großer Skepsis.

Im Jahr 2017 nannte CEO Jamie Dimon Bitcoin einen „Betrug" und drohte, jeden Mitarbeiter zu entlassen, der mit Kryptowährungen handle. „Das ist schlimmer als Tulpenzwiebeln", sagte er und spielte auf die berühmte holländische Spekulationsblase im 17. Jahrhundert an.

Hinter den Kulissen aber arbeitete das technische Team von JPMorgan längst an Blockchain. Es erkannte früh, was der Führung der Bank länger verborgen blieb: Auch wenn Kryptowährungen stark schwanken, bietet die zugrunde liegende Blockchain-Technologie revolutionäre Vorteile für das traditionelle Bankgeschäft.

2018 änderte JPMorgan seinen Kurs. Die Bank gründete ein Blockchain Center of Excellence und stellte über 200 Entwickler ein, um Anwendungsfälle zu erforschen.

Dabei stießen sie auf mehrere Probleme im internationalen Zahlungsverkehr:

- Grenzüberschreitende Zahlungen dauerten meist 3-5 Werktage
- Jede Transaktion durchlief mehrere Banken, die jeweils Gebühren erhoben
- Abrechnungsprozesse erforderten aufwendige Abstimmungen und manuelle Prüfungen

- Firmenkunden litten unter hohen Kosten und Risiken durch Währungsumrechnungen
- Der Zahlungsstatus war oft erst nach Abschluss nachvollziehbar

Diese Ineffizienzen kosteten die Firmenkunden von JPMorgan jährlich Milliarden an Gebühren, Verzögerungen und Währungsrisiken.

Im Februar 2019 stellte JPMorgan den JPM Coin vor – und wurde damit zur ersten großen US-Bank, die eine digitale Währung einführte, die Fiatgeld abbildet. Anders als öffentliche Kryptowährungen läuft der JPM Coin auf Quorum, einer von JPMorgan entwickelten Blockchain (die später an ConsenSys übertragen wurde).

So funktioniert JPM Coin:

1. Ein JPMorgan-Kunde zahlt US-Dollar auf ein spezielles Konto ein.
2. JPMorgan gibt die entsprechende Menge JPM Coins auf der Quorum-Blockchain aus.
3. Kunden nutzen diese Token für Sofortzahlungen an andere JPMorgan-Kunden.
4. Empfänger können die Token bei JPMorgan wieder gegen US-Dollar eintauschen.
5. Die Token werden anschließend gelöscht – die 1:1-Bindung an den Dollar bleibt erhalten.

Dieses System schafft einen geschlossenen Kreislauf für die digitale Wertübertragung innerhalb des institutionellen Netzwerks von JPMorgan.

Bis 2023 hatte JPMorgan nach eigenen Angaben Hunderte Milliarden Dollar über seine Blockchain-Plattformen abgewickelt – darunter JPM Coin und die Onyx-Plattform (heute Kinexys). Das System unterstützt inzwischen mehrere Währungen und bedient Kunden in über 100 Ländern. Die konkreten Vorteile:

Dramatisch verbesserte Geschwindigkeit:

- Internationale Abrechnungen in weniger als 10 Minuten statt 3-5 Tagen
- 24/7-Betrieb ermöglicht Transaktionen auch an Wochenenden und Feiertagen
- Echtzeit-Zahlungsverfolgung mit lückenloser Transparenz

Kostensenkung:

- Bis zu 80 % weniger Kosten für Transaktionsverarbeitung
- Keine Korrespondenzbankgebühren
- Geringere Umrechnungs- und Compliance-Kosten
- Weniger Aufwand bei Datenabgleichen

Höhere Sicherheit:

- Unveränderliche Transaktionsdatensätze verhindern Manipulation
- Verschlüsselte Daten schützen sensible Finanzinformationen
- Automatisierung über Smart Contracts minimiert menschliche Fehler
- Rollenbasierte Zugriffskontrollen sichern Daten und Prozesse

Wachstumsmöglichkeiten:

- Zugang zu kleineren Märkten, die zuvor wegen unzureichender Infrastruktur vernachlässigt wurden
- Entwicklung neuer Finanzprodukte auf Blockchain-Basis
- Verbesserte Treasury-Services für multinationale Unternehmen

Mainstream-Annahme und institutionelle Investitionen

Wie Sie am Beispiel von JPMorgan Chase sehen konnten, passt Blockchain perfekt in die Unternehmenswelt. Unternehmen sind stets auf der Suche nach schnelleren und kostengünstigeren Lösungen für bestehende Probleme, um ihre Gewinne zu steigern – und genau das bietet die Blockchain-Technologie.

Mit diesem rasanten Wachstum hat sich das Investieren in Kryptowährungen von einem Nischenthema zu einer etablierten Finanzstrategie entwickelt. Gleichzeitig steckt das Investieren in Kryptowährungen immer noch in den Kinderschuhen. Diese bahnbrechenden technologischen Innovationen werden zunehmend von großen Institutionen übernommen, und das Wachstumspotenzial ist weiterhin enorm.

Smart Contracts werden in modernen digitalen Transaktionen unverzichtbar, da Blockchain-Netzwerke kontinuierlich in Skalierbarkeit, Sicherheit und rechtliche Anerkennung investieren und sich weiterentwickeln.

Herausforderungen und Überlegungen bei der Einführung von Smart Contracts

Trotz ihrer Vorteile gibt es bei intelligenten Verträgen noch einige Hürden, die überwunden werden müssen, bevor eine flächendeckende Akzeptanz möglich ist.

Schwachstellen im Code und Sicherheitsrisiken

Im Gegensatz zu herkömmlichen Verträgen können Smart Contracts nach ihrer Bereitstellung nicht einfach geändert werden. Bugs oder Schwächen im Code können zu Sicherheitslücken und erheblichen finanziellen Verlusten führen.

Der ByBit-Hack im Jahr 2025 ist ein Paradebeispiel für eine solche Smart-Contract-Schwachstelle: Ethereum im Wert von 1,5 Milliarden US-Dollar wurde von einem nordkoreanischen Hackerkollektiv namens „The Lazarus Group“ gestohlen.

Strenge Audits und umfangreiche Tests sind entscheidend, um Sicherheitsverletzungen zu verhindern. Blockchain-Entwickler müssen Risiken minimieren, indem sie Smart Contracts gründlich prüfen, bevor sie live geschaltet werden.

Rechtsunsicherheit und regulatorische Herausforderungen

Obwohl Smart Contracts Vereinbarungen automatisieren, werden sie in vielen Rechtssystemen weltweit noch nicht vollständig als einklagbare Verträge anerkannt.

Die Auslegung ihrer Legalität und die Durchsetzung im Streitfall unterscheiden sich je nach Gerichtsbarkeit. Der rechtliche Rahmen steckt vielerorts noch in den Anfängen und erfordert einen intensiven Dialog zwischen Entwicklern, Jurist:innen und politischen Entscheidungsträgern.

Damit Smart Contracts zu einem anerkannten Rechtsinstrument werden können, müssen Regierungen klare Richtlinien für ihre Durchsetzung und Einhaltung entwickeln.

Integration mit traditionellen Systemen

Viele Branchen sind nach wie vor stark von veralteten Infrastrukturen abhängig, die sich nicht ohne Weiteres mit Blockchain-basierten Smart Contracts integrieren lassen. Für Unternehmen, die auf diese Systeme angewiesen sind, ist ein Umstieg komplex, zeitaufwändig und kostenintensiv.

Gefragt sind hybride Lösungen, die es Unternehmen ermöglichen, Smart-Contract-Funktionen schrittweise in ihre bestehenden Systeme zu integrieren.

Skalierbarkeit

Smart Contracts können teuer und langsam werden, wenn die zugrunde liegende Blockchain überlastet ist. Je mehr Menschen Anwendungen nutzen, die auf Netzwerken wie Ethereum basieren, desto höher steigen oft die Transaktionsgebühren, und die Verarbeitung kann sich verzögern, vor allem bei hoher Nachfrage. Es ist vergleichbar mit dem Versuch, gleichzeitig auf mehreren Geräten hochauflösende Videos über eine 50-Mbit/s-Internetleitung zu streamen: Alles wird langsamer, wenn zu viele Nutzer um begrenzte Bandbreite konkurrieren.

Layer-2-Netzwerke wie Arbitrum, zkSync und Optimism sollen dieses Problem lösen, indem sie Transaktionen außerhalb der Haupt-Blockchain abwickeln und später gesammelt zurückführen. Dadurch werden Smart-Contract-Interaktionen schneller und kostengünstiger.

Diese Skalierungslösungen benötigen jedoch noch eine breitere Akzeptanz, benutzerfreundlichere Oberflächen und eine nahtlose Integration in bestehende Anwendungen, bevor sie den Engpass vollständig beheben können.

Je ausgefeilter Smart Contracts werden, desto stärker werden sie zur Grundlage einer effizienteren, transparenteren und vernetzten digitalen Wirtschaft. Dieser Wandel zeigt sich bereits durch Technologien wie Web3, dezentrales Finanzwesen (DeFi) und nicht-fungible Token (NFTs), allesamt Anwendungen, die auf Smart Contracts basieren.

Web3 und die Dezentralisierung des digitalen Besitzes

Web3 stellt die nächste Evolutionsstufe des Internets dar, aufgebaut auf Blockchain-Technologie, dezentralisiert und von den Nutzern selbst gesteuert. Ziel ist es, die Abhängigkeit von zentralisierten Plattformen wie Google, Facebook oder Amazon zu verringern, sodass Nutzer mehr Kontrolle über ihre Daten, Identität und digitalen Vermögenswerte gewinnen.

Ein kurzer Vergleich der Internetphasen:

- **Web1 (1990 bis Anfang der 2000er-Jahre):** Statische, schreibgeschützte Webseiten
- **Web2 (ab Mitte der 2000er-Jahre):** Interaktiv, geprägt von sozialen Medien, aber kontrolliert durch zentrale Plattformen
- **Web3 (im Entstehen):** Dezentralisiert, Blockchain-basiert, mit Fokus auf Nutzer-Eigentum und Autonomie

Neben der Dezentralisierung und den Smart Contracts bietet Web3 weitere wesentliche Merkmale:

- **Benutzereigentum:** Nutzer können digitale Vermögenswerte (wie Kryptowährungen, Smart Contracts oder Domainnamen) selbst besitzen, ohne dass eine dritte Partei diese verwaltet.
- **Token-basierte Wirtschaft:** Viele Web3-Plattformen verwenden Kryptowährungen oder Token, um die Teilnahme zu fördern und Netzwerke zu steuern.

- **Datenschutz und Sicherheit:** Nutzer interagieren mit Web3-Anwendungen über kryptografische Wallets, ohne sich mit persönlichen Daten anmelden zu müssen.

Obwohl sich Web3 noch in der Anfangsphase befindet, zeigen sich erste Auswirkungen bereits in den Bereichen Finanzen, Gaming, Content Creation und digitaler Identität.

Was ist dezentrales Finanzwesen (DeFi)?

DeFi ist mehr als nur eine Alternative zum traditionellen Bankwesen. Es revolutioniert die Art und Weise, wie ganze Finanzsysteme funktionieren. Im Gegensatz zu Banken wie JPMorgan Chase, die Blockchain nutzen, um ihre Effizienz zu steigern und dabei dennoch zentrale Kontrolle behalten, eliminiert DeFi solche Institutionen vollständig.

Es setzt auf Smart Contracts, um Finanzdienstleistungen wie Kreditvergabe, Kreditaufnahme und Handel nicht durch Menschen, sondern durch Code abzuwickeln. Alles ist offen und automatisiert. Nutzer benötigen keine Genehmigung von einer Bank. Sie interagieren direkt mit dem System, wobei Aspekte wie Zinssätze oder Kreditvergabe durch programmierte Regeln und Echtzeit-Marktdaten bestimmt werden.

Die Zahnräder des DeFi-Rads

Um zu verstehen, wie DeFi in der Praxis funktioniert, werfen wir einen Blick auf die zentralen Bausteine des Systems. Diese Werkzeuge und Plattformen ermöglichen den offenen, automatisierten Ansatz von DeFi im Finanzbereich.

Dezentrale Exchanges

DeFi-Plattformen nutzen sogenannte automatisierte **Liquiditätspools**, um den Handel mit Kryptowährungen zu ermöglichen, ohne dass für jede Transaktion ein direkter Käufer und Verkäufer erforderlich ist. Statt zwei Personen direkt zu verbinden, handeln Nutzer gegen einen Pool von Tokens, der von anderen bereitgestellt wurde. Diese Pools werden durch Smart Contracts gesteuert, die Preise automatisch auf Basis von Angebot und

Nachfrage anpassen. Dadurch wird der Handel schneller, effizienter und auch für neue oder weniger verbreitete Tokens zugänglich.

Im Gegensatz zu traditionellen Aktienmärkten, die von großen Finanzinstituten betrieben werden, kann bei dezentralen Börsen jeder direkt aus seinem Wallet heraus handeln, ganz ohne Anmeldung oder Genehmigung. Dieses Modell, bekannt als **Automated Market Making (AMM)**, ermöglicht schnelle und liquide Abschlüsse.

Protokolle für das Verleihen und Entleihen

Dienste wie Aave und Compound ermöglichen Peer-to-Peer-Kredite. Nutzer hinterlegen Kryptowährungen in Liquiditätspools und erhalten dafür Zinsen. Kredite werden durch Sicherheiten abgesichert, und die Zinssätze passen sich dynamisch an Angebot und Nachfrage an. Anders als bei traditionellen Banken, die auf Bonitätsprüfungen und Vermittler setzen, läuft die Kreditvergabe bei DeFi automatisch, collateral-basiert und ist global zugänglich für jeden mit Internetzugang.

Stablecoins und dezentrale Zahlungssysteme

Kryptowährungen wie DAI (von MakerDAO), USDC (USD Coin) und USDT (Tether) bieten stabile, dezentrale Alternativen zu Fiat-Währungen. Während Bankguthaben eingefroren oder von Inflation betroffen sein können, ermöglichen Stablecoins Nutzern, weltweit schneller, günstiger und mit weniger regulatorischen Hürden zu handeln.

Renditeoptimierung und Liquiditätsbereitstellung

Anleger können Renditen erzielen, indem sie ihre Kryptowährungen in Liquiditätspools einbringen. Im Gegenzug erhalten sie Zinsen und oft zusätzlich Governance-Tokens, die ihnen Mitsprache bei der Weiterentwicklung der Plattform geben. Dies unterscheidet sich grundlegend von traditionellen Sparkonten mit festen, und meist niedrigen, Zinssätzen.

Ein Beispiel: Yearn.Finance automatisiert Yield-Farming-Strategien und maximiert Renditen durch automatisierte Umschichtungen zwischen renditestarken DeFi-Plattformen. So wird DeFi auch für passive Anleger zugänglich, ohne dass sie sich selbst um komplexe Strategien kümmern müssen.

Synthetische Vermögenswerte und Derivate

Plattformen wie Synthetix ermöglichen es, mit synthetischen Vermögenswerten zu handeln, die den Wert von Aktien, Rohstoffen oder anderen Assets widerspiegeln, ohne diese tatsächlich besitzen zu müssen. Anders als bei zentralisierten Derivatemärkten braucht es keine Broker oder Clearingstellen als Mittelsmänner.

Wie Sie sehen, bietet DeFi eine Reihe von Vorteilen, die es deutlich vom traditionellen Finanzsystem unterscheiden: hohe Renditechancen, finanzielle Unabhängigkeit und Zugang zu neuen Märkten. Nutzer behalten die vollständige Kontrolle über ihr Vermögen. Keine Regierung. Keine Banken. Keine Regeln oder Einschränkungen von Dritten.

Darüber hinaus eröffnet DeFi neue Investitionsmöglichkeiten, etwa durch Beteiligung an Krypto-Krediten, synthetischen Assets oder dezentralen Versicherungsprodukten. Bereiche, die bisher meist Großanlegern vorbehalten waren. DeFi ebnet das Spielfeld.

Risiken bei DeFi

So spannend das alles klingt, die Dezentralisierung birgt auch Risiken. Nutzer müssen ihr Vermögen aktiv sichern. Da DeFi-Anwendungen auf der Smart-Contract-Technologie basieren, gelten unter anderem folgende Risiken:

- **Code-Schwachstellen**: Fehler im Code von Smart Contracts können zu Sicherheitslücken und erheblichen finanziellen Verlusten führen. Mehrere DeFi-Protokolle haben Schwachstellen im Millionenbereich aufgedeckt, was die Notwendigkeit geprüfter Smart Contracts und robuster Sicherheitsmaßnahmen verdeutlicht.
- **Regulatorische Ungewissheit**: Weltweit arbeiten Regulierungsbehörden noch daran, wie DeFi rechtlich eingeordnet und reguliert werden soll. Je nachdem, wie sich diese Vorschriften

entwickeln, könnte dies das zukünftige Wachstum stark beeinflussen.

Um diesen Risiken zu begegnen, sollten Nutzer:

- **Plattformen und Audits recherchieren**: Überprüfen Sie, ob renommierte Unternehmen die Plattformen geprüft haben, bevor Sie investieren.
- **Investitionen streuen**: Vermeiden Sie, Ihr gesamtes Kapital in ein einzelnes Protokoll zu investieren, um das Risiko zu reduzieren.
- **Hardware-Wallets verwenden**: Lagern Sie Ihre Vermögenswerte in einer Cold Wallet, um zusätzliche Sicherheit zu gewährleisten.
- **Regelmäßig über Vorschriften informieren**: Bleiben Sie über rechtliche Entwicklungen auf dem Laufenden, um potenzielle Compliance-Probleme frühzeitig zu erkennen.
- **Verständnis für permanenten Verlust aufbauen**: Lernen Sie, wie sich Liquiditätsbereitstellung langfristig auf Ihre Vermögenswerte auswirken kann.

Wohin DeFi als Nächstes steuert

DeFi rückt zunehmend in den Fokus institutioneller Akteure und traditioneller Finanzunternehmen. Hier sind einige aktuelle Entwicklungen:

- **Institutionelle Investitionen**: Hedgefonds und große Finanzinstitute nutzen DeFi immer häufiger für Kreditvergabe-, Kreditaufnahme- und Renditestrategien.
- **Anbindung an traditionelle Finanzsysteme**: DeFi agiert nicht mehr isoliert. Viele Projekte bauen Brücken zwischen Krypto und klassischem Bankwesen und ermöglichen nahtlose On-Chain- und Off-Chain-Transaktionen über regulierte Schnittstellen.
- **Ausweitung auf andere Blockchains**: Auch wenn Ethereum weiterhin als DeFi-Hub dominiert, gewinnen Netzwerke wie Solana, Avalanche und Polkadot an Bedeutung. Sie bieten schnellere Transaktionen, geringere Kosten und bessere Skalierbarkeit (mehr dazu im nächsten Kapitel).

- **Stärkerer Datenschutz**: Technologien wie dezentrale Identitätssysteme (DID) und Zero-Knowledge-Proofs verbessern Sicherheit, Datenschutz und Compliance und helfen dabei, eine der größten Hürden für die breite Akzeptanz von DeFi zu überwinden.

Smart Contracts und die Prinzipien von Dezentralisierung, Transparenz und digitalem Eigentum, die DeFi antreiben, befeuern auch eine der ungewöhnlichsten und lebendigsten Ecken der Kryptowelt: **NFTs.**

NFTs: Nicht nur hübsche Bilder

Erinnern Sie sich an das Sammeln von Baseballkarten? An die Jagd nach dem seltenen Ken-Griffey-Jr.-Rookie? Oder, wenn Sie aus den 90ern stammen, an die Suche nach der Princess-Diana-Bärin am Kiosk, während Ihre Mutter in der Einkaufsschlange stand? NFTs bieten ein ähnliches Sammlererlebnis, nur eben digital.

NFT steht für "Non-Fungible Token". Das klingt technisch, bedeutet aber im Grunde nur: ein digitaler Eigentumsnachweis für etwas Einzigartiges. Die Blockchain speichert dieses Eigentum dauerhaft. Was Ihnen gehört, bleibt auch Ihres. Niemand kann Ihnen etwas einfach per Rechtsklick wegnehmen.

Was kann ein NFT sein? So ziemlich alles, was digital ist:

Spielen

NFTs haben das Gaming revolutioniert. Früher konnte man in Fortnite einen Skin für 20 Dollar kaufen, der aber dem Unternehmen gehörte. Man konnte ihn nicht weiterverkaufen oder in ein anderes Spiel übertragen.

NFT-Spiele haben das verändert. Man besitzt seine In-Game-Assets tatsächlich.

In Axie Infinity züchten die Spieler kleine, seltsame Kreaturen, die ihnen tatsächlich gehören. Auf den Philippinen haben einige Menschen während der Covid-Zeit sogar ihre Jobs gekündigt, um vom Spielen zu leben. Kein Witz.

Gods Unchained bietet Karten, die wie physische Sammelkarten getauscht oder verkauft werden können. Einige Spieler verdienen ihren gesamten Lebensunterhalt mit dem Handel dieser Karten.

Liegenschaften

Früher war es notwendig, viel Kapital aufzubringen, um in Immobilien zu investieren. NFTs senken diese Einstiegshürde.

Einige Unternehmen bieten Token für reale Gebäude an. Bei RealT können Sie für 50 Dollar einen Anteil an einer Mietimmobilie in Detroit erwerben. Sie erhalten wöchentlich Ihren Anteil an den Mieteinnahmen. Kein Bankkredit, keine Mindestinvestition.

The Sandbox und Decentraland verkaufen virtuelles LAND. Nutzer bauen dort Kasinos, Kunstgalerien oder Konzertlocations und verlangen Miete. Ein Käufer zahlte 450.000 Dollar für ein Grundstück neben der virtuellen Villa von Snoop Dogg. Ein anderes Grundstück wurde für 4,3 Millionen Dollar verkauft.

Musik und Kreatives

Musiker müssen seit Jahren auf einen Großteil ihrer Einnahmen verzichten. Spotify zahlt etwa 0,003 Dollar pro Stream. Die Labels nehmen den größten Teil des Rests.

Mit NFTs können Künstler direkt an Fans verkaufen. Kings of Leon veröffentlichten ein Album als NFT, inklusive Konzerttickets. 3LAU verdiente an einem Wochenende 11,6 Millionen Dollar durch den Verkauf von Musik-NFTs.

Über die Plattform Royal können Fans Anteile an Songs kaufen und Tantiemen erhalten, wenn diese gestreamt werden. Steve Aoki sagte, er habe mit einem NFT-Drop mehr verdient als mit zehn Jahren Musikvorschüssen.

Auch Konzerttickets können als NFTs ausgegeben werden. Das verhindert Schwarzhandel und Fälschungen und ermöglicht es den Künstlern, beim Weiterverkauf der Tickets mitzuverdienen.

NFTs funktionieren auch in anderen Bereichen:

- Domänennamen wie mike.eth werden für Tausende von Dollar verkauft.
- Luxusmarken verwenden NFTs als digitale Echtheitszertifikate. Ihre Gucci-Tasche ist mit einem NFT verknüpft, das nachweist, dass sie echt ist und nicht von einem Imitat aus der Canal Street stammt.
- Die Technologie löst reale Probleme. Es geht längst nicht mehr nur um teure Cartoon-Affen.

Geld verdienen oder das Hemd verlieren

Im Folgenden finden Sie einige Vor- und Nachteile von Investitionen in NFTs und deren Besitz:

Die guten Seiten

- **Selten = wertvoll**: Einige NFTs explodieren im Wert, weil sie selten und kulturell relevant sind. CryptoPunk #7523 wurde für 11,8 Millionen Dollar verkauft. Der digitale Künstler Beeple erzielte für ein JPEG 69 Millionen Dollar. Ich sage nicht, dass Sie solche Summen erreichen werden, aber limitierte Kollektionen können erheblich an Wert gewinnen.
- **Geld, während Sie schlafen**: NFTs schaffen passive Einkommensströme, die bei klassischen Investitionen kaum möglich sind. Vermieten Sie Ihr virtuelles Land in Decentraland. Verdienen Sie Tantiemen, wenn Ihr Musik-NFT weiterverkauft wird. Setzen Sie NFTs auf bestimmten Plattformen ein und erhalten Sie dafür Token-Belohnungen.
- **Unabhängig von traditionellen Märkten**: NFTs folgen nicht den Bewegungen des Aktienmarkts oder dem Bitcoin-Kurs. Als die traditionellen Märkte im März 2022 abstürzten, hielten Blue-Chip-NFTs ihren Wert besser als erwartet. Sie reagieren anders, wenn andere Vermögenswerte schwanken.
- **Zukunftssicherer Nutzen**: Die NFTs von heute könnten morgen auf vielen Plattformen funktionieren. Ihr CryptoPunk könnte Ihr Avatar im Metaverse von Facebook sein oder exklusiven Zugang zu Spielen und Websites bieten.

Die Schattenseiten

- **Preisschwankungen**: NFT-Preise sind extrem volatil. Der Wert einer Kollektion kann sich über Nacht halbieren, weil ein Prominenter unüberlegt twittert. Ein Bored Ape, der für 400.000 Dollar verkauft wurde, könnte einen Monat später nur noch 50.000 Dollar einbringen.
- **Wert schwer einschätzbar**: Wie bewertet man digitale Kunst oder virtuelles Eigentum? Es gibt keine festen Kennzahlen. Aktien haben ein Kurs-Gewinn-Verhältnis. Immobilien haben Vergleichswerte. NFTs haben... Vibes? Das erschwert rationale Entscheidungen.
- **Energieverbrauch**: Einige NFTs, insbesondere bei Ethereum vor dem Umstieg auf Proof-of-Stake, hatten einen enormen Energiebedarf. Das Minting oder Handeln eines NFTs konnte so viel Strom verbrauchen wie ein Haushalt in einer Woche. Klimarelevante Regulierungen könnten NFT-Projekte künftig stärker betreffen.
- **Geringe Liquidität**: Anders als Aktien, die sich jederzeit verkaufen lassen, brauchen Sie für ein NFT einen Käufer, der genau Ihr Stück haben möchte. Der Verkauf kann Wochen oder Monate dauern. Planen Sie also besser nicht mit dem Geld für Ihre nächste Miete.
- **Betrugsanfälligkeit**: Der NFT-Bereich ist ein Magnet für Betrug. Gefälschte Kollektionen, gestohlene Kunstwerke, Pump-and-Dumps und verschwundene Entwickler sind weit verbreitet. "Rug Pulls" sind nicht die Ausnahme, sondern fast schon der Normalfall.

Das soll nicht heißen, dass Sie NFTs ganz meiden sollten. Sie sollten nur wissen, worauf Sie sich einlassen. Recherchieren Sie Projekte sorgfältig. Beobachten Sie die Community, bevor Sie investieren. Fangen Sie klein an. Und geben Sie niemals Geld aus, das Sie nicht verlieren können.

Die NFT-Welt belohnt Geduld – und bestraft FOMO wie nichts anderes.

Bemerkenswerte NFT-Projekte

- **CryptoPunks & digitale Sammlerstücke**: Eine der ersten und ikonischsten NFT-Kollektionen, bestehend aus 10.000

einzigartigen 8-Bit-Charakteren. Frühe Käufer erzielten enorme Gewinne. Ein CryptoPunk wurde 2022 für 23,7 Millionen Dollar verkauft.
- **Bored Ape Yacht Club (BAYC) & soziale Exklusivität**: Eine Sammlung von 10.000 NFTs im Affenstil, die als Mitgliedsausweis für exklusive Events und Vorteile dient. Prominente wie Snoop Dogg, Eminem und Steph Curry sind Mitglieder.
- **NBA Top Shot & digitale Sport-Sammlerstücke**: Eine Plattform zum Sammeln digitaler Highlight-Clips der NBA. Sie hat bereits Umsätze in Millionenhöhe erzielt.

Wie man NFT-Investitionen klug angeht

- **Recherchieren Sie das Projekt**: Informieren Sie sich über die Entwickler, die Community und den Nutzen des NFTs, bevor Sie investieren.
- **Markttrends analysieren**: Achten Sie auf gesellschaftliche Stimmungen, Branchenakzeptanz und langfristige Relevanz statt auf kurzfristige Hypes.
- **Verwenden Sie seriöse Marktplätze**: Nutzen Sie etablierte Plattformen wie OpenSea oder Foundation, um das Risiko von Betrug zu minimieren.
- **Verstehen Sie das Liquiditätsrisiko**: Der Wiederverkauf von NFTs kann dauern und ist nicht garantiert.
- **Diversifizieren Sie Ihre NFT-Holdings**: Setzen Sie nicht alles auf eine Karte. Eine Mischung aus Kunst, Musik und virtuellen Immobilien kann das Risiko deutlich reduzieren.

Sie haben schon die Hälfte geschafft

Nun, das war eine Menge. Smart Contracts, DeFi-Protokolle und digitales Eigentum durch NFTs. Wenn Sie mit diesen Konzepten vertraut sind, sind Sie den meisten Krypto-Investoren bereits einen großen Schritt voraus.

Diese Grundlagen sind für alle, die in Kryptowährungen investieren möchten, von unschätzbarem Wert. Sie gehören nicht zu denen, die am Höhepunkt des Hypes kaufen oder blind Twitter-Trends folgen. Ihr

Verständnis für die Grundlagen versetzt Sie in die Lage, das große Ganze zu erkennen. Sie lernen, Projekte mit echtem Potenzial zu bewerten und gezielte Fragen zu stellen – zu Technologie, Akzeptanz und Nutzen.

Jetzt sind Sie bereit für die nächste Stufe. Lassen wir Bitcoin und Ethereum hinter uns. Es ist Zeit, über Altcoins zu sprechen.

3 ALTCOINS: DIE BLOCKCHAIN WEITER VORANTREIBEN

Bitcoin und Ethereum haben weltweit für Aufsehen gesorgt. Aber das ist erst der Anfang der Kryptowährungsentwicklung. Diese steht noch ganz am Anfang, und Altcoins sind das nächste Kapitel in der Geschichte der Blockchain. Altcoins sind einfach „alternative Coins", also alles, was nicht Bitcoin ist. Technisch gesehen zählt auch Ethereum zu den Altcoins. Inzwischen gibt es Tausende davon, viele davon versuchen, die Schwächen von Bitcoin oder Ethereum zu beheben.

Warum so viele? Nun, nachdem die Menschen gesehen hatten, was mit Bitcoin möglich ist, dachten viele: „Das können wir besser machen." Einige Altcoins beschleunigen Transaktionen, andere verbessern den Datenschutz. Wieder andere konzentrieren sich auf Smart Contracts, die automatisch ausgeführt werden, sobald bestimmte Bedingungen erfüllt sind.

In der Regel teilen Altcoins die grundlegende DNA von Bitcoin. Sie basieren auf der Blockchain-Technologie und ermöglichen sicheres, digitales Geld – ganz ohne Banken. Doch sie entwickeln sich auf kreative Weise in unterschiedliche Richtungen weiter.

Wenn Sie sich einen Altcoin genauer ansehen, sollten Sie auf einige zentrale Kennzahlen achten. Die Marktkapitalisierung zeigt den Gesamtwert aller Coins an (Preis × Umlaufmenge). Das Handelsvolumen verrät, wie viel täglich gekauft und verkauft wird. Und die Angebotsmechanik gibt Aufschluss darüber, ob es eine feste Obergrenze gibt oder ob laufend neue Coins geschaffen werden. Mit diesen Basisdaten lassen sich Altcoins schnell und effizient vergleichen.

Altcoins der ersten Generation: Bitcoin-Alternativen

Litecoin: Die schnellere Alternative

Charlie Lee gründete Litecoin im Jahr 2011 mit einem klaren Ziel: eine schnellere und zugänglichere Version von Bitcoin zu schaffen. Er bezeichnete Litecoin als „das Silber zum Gold von Bitcoin“, was sein Vorhaben gut zusammenfasst.

Litecoin verwendet einen alternativen Algorithmus namens Scrypt. Was ist daran besonders? Der SHA-256-Algorithmus von Bitcoin erfordert spezialisierte, teure Mining-Hardware. Scrypt hingegen wurde so konzipiert, dass er auch für Nutzerinnen und Nutzer mit herkömmlichen Computern zugänglich ist. Auch wenn heute professionelle Miner den Litecoin-Markt dominieren, war dieser Ansatz damals ein innovativer Schritt.

Der wichtigste Unterschied liegt in der Geschwindigkeit: Litecoin verarbeitet Blöcke alle 2,5 Minuten, während Bitcoin etwa 10 Minuten benötigt. Das bedeutet, dass Transaktionen rund viermal schneller abgeschlossen werden. Für alle, die sich über lange Wartezeiten bei Bitcoin-Überweisungen ärgerten, war Litecoin eine willkommene Alternative.

Litecoin ist auch nach all den Jahren weiterhin beliebt. Er ist weniger bekannt als Bitcoin, gilt aber als äußerst zuverlässig. Viele Unternehmen akzeptieren ihn, und er gehört oft zu den ersten Kryptowährungen, die an neuen Börsen gelistet werden. Sein Durchhaltevermögen in einem so hart umkämpften Markt spricht für sich.

Bitcoin Cash: Die Big-Block-Lösung

Bitcoin Cash entstand aus einem Konflikt. Es ging um die Frage, wie man die wachsenden Herausforderungen von Bitcoin lösen sollte.

Als im Jahr 2017 die Nutzung von Bitcoin stark anstieg, wurde das Netzwerk langsamer. Die Transaktionsgebühren stiegen, und Überweisungen dauerten mitunter viele Stunden. Eine Änderung war nötig, aber es herrschte Uneinigkeit über die richtige Strategie.

Eine Gruppe wollte die Blockgröße von 1 MB beibehalten und durch technische Verbesserungen effizienter machen. Eine andere Gruppe forderte eine einfache Lösung: größere Blöcke. Da keine Einigung erzielt wurde, spaltete sich das Netzwerk am 1. August 2017. Diese sogenannte Hard Fork führte zur Entstehung von Bitcoin Cash mit einer Blockgröße von zunächst 8 MB, später auf 32 MB erhöht.

Die größeren Blöcke erfüllten ihren Zweck. Bitcoin Cash kann deutlich mehr Transaktionen pro Sekunde verarbeiten, und die Gebühren sind meist niedriger. Wer zum Zeitpunkt der Abspaltung Bitcoin hielt, erhielt automatisch die gleiche Menge Bitcoin Cash. Für viele war das ein willkommener Bonus.

Bis heute hat Bitcoin Cash eine treue Community, die davon überzeugt ist, dass größere Blöcke der richtige Weg sind. Auch wenn Bitcoin Cash nicht an die Marktdominanz von Bitcoin heranreicht, gehört es weiterhin zu den größten Kryptowährungen. Der Fall zeigt, wie schwierig es sein kann, eine etablierte Kryptowährung zu verändern. Oft ist es einfacher, eine neue zu schaffen, als eine bestehende umzubauen.

Plattformen für Smart Contracts

Ethereum ist längst nicht mehr die einzige Blockchain mit Smart-Contract-Funktionen. Neue Akteure wie Solana und Cardano wurden geschaffen, um Bereiche abzudecken, in denen Ethereum an seine Grenzen stößt.

Solana: Gebaut für Geschwindigkeit

Solana startete 2020 und machte eine eindrucksvolle Ankündigung: Theoretisch könne die Plattform bis zu 65.000 Transaktionen pro Sekunde abwickeln. In der Praxis liegen die Zahlen meist zwischen 2.000 und 5.000, was im Vergleich zu den 15 bis 30 Transaktionen pro Sekunde von Ethereum noch immer hervorragend ist. Die Erklärung dafür liegt in einem innovativen Ansatz namens Proof of History.

Proof of History ist ein Konsensmechanismus, der wie ein eingebauter Zeitstempel für die Blockchain funktioniert. Anstatt dass Miner uneinig darüber sind, wann Transaktionen stattfinden, erstellt Solana eine überprüfbare Aufzeichnung des zeitlichen Ablaufs. Diese kleine, aber entscheidende Änderung verbessert das bestehende Proof-of-Stake-System erheblich.

Das Ergebnis kann sich sehen lassen. Transaktionen kosten nur einen Bruchteil eines Cents und werden in Sekunden abgeschlossen, nicht in Minuten. Diese Effizienz zieht Entwickler an, die auf Solana alles von Handelsanwendungen bis hin zu Videospielen realisieren.

Doch es gibt auch Wermutstropfen. Kritiker bemängeln, dass Solana Geschwindigkeit über Dezentralisierung stellt. Das Netzwerk hatte bereits mehrere Ausfälle bei hohem Datenverkehr. Zudem sind für den Betrieb eines Solana-Knotens sehr leistungsstarke Computer erforderlich, was die Teilnahme einschränkt.

Trotzdem ist das Wachstum von Solana bemerkenswert. Der Fokus auf leistungsstarke Technologie hat Milliarden an Investitionen angezogen. Für Nutzer, die von den hohen Gasgebühren bei Ethereum genug haben, fühlt sich Solana an wie schnelles Internet nach Jahren mit langsamen Einwahlverbindungen. Zahlreiche erfahrene Investoren sind äußerst optimistisch, was die Zukunft von Solana betrifft.

Cardano: Die akademische Herangehensweise

Cardano geht es gemächlich an, und das ist Absicht. Gegründet von Ethereum-Mitbegründer Charles Hoskinson, vermeidet Cardano vorschnelle Entscheidungen. Jede Funktion wird intensiv untersucht und wissenschaftlich validiert, bevor sie umgesetzt wird.

Im Zentrum steht Ouroboros, das erste nachweislich sichere Proof-of-Stake-System. Was das bedeutet? Mathematiker haben dessen Sicherheit unter bestimmten Annahmen formell nachgewiesen, auch wenn sich die tatsächliche Widerstandsfähigkeit erst im Laufe der Zeit beweisen muss. Die Entwicklung von Cardano erfolgt in fünf Phasen mit Namen wie „Byron“, „Shelley“ und „Goguen“, die jeweils neue Fähigkeiten in das Netzwerk bringen.

Erst im September 2021 wurden Smart Contracts bei Cardano eingeführt, deutlich später als bei anderen Plattformen. Manche Fans sind vom langsamen Tempo frustriert, doch Cardano-Anhänger betonen die Bedeutung von Stabilität und Sicherheit, insbesondere im Finanzwesen. Sie verweisen auf andere Projekte, die zwar schnell gestartet sind, später aber durch Sicherheitslücken ins Straucheln gerieten.

Die Cardano-Community ist engagiert und fest entschlossen. Sie verfolgt das Ziel, Finanzinstrumente für Menschen ohne Bankzugang bereitzustellen, insbesondere in Afrika. Während viele Krypto-Projekte auf schnelle Gewinne abzielen, setzt Cardano auf langfristige Entwicklung mit Substanz.

Polkadot: Blockchain-Inseln verbinden

Polkadot widmet sich einem Problem, das vielen gar nicht bewusst ist: der fehlenden Kommunikation zwischen Blockchains. Bitcoin kann keine Daten an Ethereum senden, und Ethereum kann nicht mit Cardano kommunizieren. Jede Blockchain existiert als eigene, isolierte Einheit.

Gavin Wood, ein weiterer Mitbegründer von Ethereum, entwickelte Polkadot, um Brücken zwischen diesen Inseln zu schlagen. Das System besteht aus einer Hauptkette, der sogenannten Relay Chain, die mit bis zu 100 individuellen Blockchains, den sogenannten Parachains, verknüpft ist. Diese Parachains sind für spezifische Anwendungsbereiche konzipiert, können jedoch Informationen miteinander austauschen.

Um einen Platz als Parachain zu erhalten, nehmen Projekte an Auktionen teil. Dabei müssen sie DOT-Token, häufig im Millionenwert, hinterlegen, um sich einen zweijährigen Leasingvertrag zu sichern. Dies führt zu einem intensiven Wettbewerb um die begrenzten Plätze.

Polkadot verwendet das **Nominated Proof of Stake**-Verfahren, bei dem Nutzer Validatoren ihres Vertrauens benennen können. Dieses System verteilt die Verantwortung gleichmäßiger und ermöglicht es auch Personen mit kleineren DOT-Beständen, zur Sicherheit des Netzwerks beizutragen.

Polkadots großes Versprechen ist ein Netzwerk, in dem Werte und Daten frei zwischen den Blockchains fließen können. Anstatt sich zwischen Ethereum,

Solana oder Cardano entscheiden zu müssen, möchte Polkadot diese Ökosysteme zu einem miteinander verbundenen System zusammenführen.

DeFi-fokussierte Altcoins

Chainlink: Die Brücke zu den Daten der realen Welt

Smart Contracts haben eine große Schwäche: Sie können nicht eigenständig auf Informationen aus der realen Welt zugreifen. Stellen Sie sich einen Vertrag vor, der besagt: „Zahlt aus, wenn es morgen regnet", und fragen Sie sich, woher die Blockchain wissen soll, ob es regnet.

Chainlink hat dieses Problem durch sogenannte Orakel gelöst. Dabei handelt es sich um vertrauenswürdige Datenfeeds, die Blockchains mit Informationen aus der Außenwelt versorgen. Diese Orakel liefern Aktienkurse, Sportergebnisse, Wetterdaten und viele weitere Informationen, die Smart Contracts benötigen, um korrekt zu funktionieren.

Doch wer garantiert, dass die Orakel verlässliche Daten liefern? Chainlink setzt auf ein Netzwerk von Knoten, die jeweils LINK-Token als Sicherheit hinterlegen müssen. Wenn sie falsche Informationen übermitteln, verlieren sie ihren Einsatz. Mehrere Knoten liefern unabhängig voneinander dieselben Daten, wodurch das Risiko von Manipulationen reduziert wird, auch wenn Orakel-Angriffe in manchen Systemen weiterhin möglich sind.

Heute sichert Chainlink Milliardenwerte in der gesamten Kryptowirtschaft. Versicherungsprodukte, Prognosemärkte und Kreditplattformen verlassen sich auf die von Chainlink bereitgestellten Daten. Wenn Sie bei einem Krypto-Projekt den Hinweis „Powered by Chainlink" sehen, bedeutet das, dass dort verifizierte Informationen aus der realen Welt genutzt werden, um Smart Contracts auszulösen.

Was macht Chainlink so leistungsfähig? Es ist mit jeder Blockchain kompatibel. Unabhängig davon, ob Sie auf Ethereum, Solana oder einer anderen Plattform entwickeln, kann Chainlink Ihre Verträge mit den benötigten Daten versorgen. Diese Flexibilität hat maßgeblich dazu beigetragen, dass LINK zu einer der wertvollsten Kryptowährungen auf dem Markt geworden ist.

Uniswap: Handel ohne Orderbücher

Uniswap hat den Kryptohandel grundlegend verändert, indem es die erste große dezentrale Börse eingeführt hat. Vor Uniswap waren Orderbücher erforderlich, also Listen mit Kauf- und Verkaufsaufträgen, um Kryptowährungen zu handeln. Dieses System funktionierte, setzte jedoch eine Vielzahl aktiver Händler voraus.

Uniswap ersetzte das Orderbuch durch Mathematik. Sein automatisiertes Market-Maker-Modell nutzt einfache Formeln und Token-Pools, um Preise automatisch zu bestimmen. Jeder kann Token zu diesen Pools hinzufügen und erhält im Gegenzug einen Anteil an den Handelsgebühren.

So funktioniert es: Nutzer erstellen Liquiditätspools mit gleichen Werten zweier Token, zum Beispiel ETH und USDC. Das Verhältnis zwischen den Token im Pool bestimmt den Preis. Kauft jemand ETH, fließt mehr USDC in den Pool, während ETH entnommen wird, was den ETH-Preis leicht steigen lässt. Dieses einfache Prinzip funktioniert komplett ohne Zwischenhändler.

Im Jahr 2020 überraschte Uniswap seine frühen Nutzer mit einem unerwarteten Geschenk: UNI-Token, die ihnen Mitsprache bei der zukünftigen Entwicklung des Protokolls geben. Dieser Airdrop, der für einige Nutzer einen Wert von mehreren Tausend Dollar hatte, leitete den Trend hin zu Governance-Tokens ein. Inhaber von UNI stimmen nun über alles ab, von Gebührenstrukturen bis hin zur Unterstützung neuer Blockchains. Es ist, als hätte man einen Platz im Aufsichtsrat.

Der Einfluss von Uniswap reicht weit über das eigene Protokoll hinaus. Hunderte Projekte haben das Modell übernommen, und „Liquidity Mining", also das Verdienen von Token durch die Bereitstellung von Liquidität, wurde ein fester Bestandteil der Kryptokultur. Selbst große, zentralisierte Börsen übernehmen inzwischen Funktionen, die Uniswap als erstes eingeführt hat.

Auf Datenschutz fokussierte Altcoins

Monero: Echte finanzielle Privatsphäre

Bitcoin bietet längst nicht die Privatsphäre, die viele Menschen vermuten. Jede Transaktion wird dauerhaft in einer öffentlichen Blockchain gespeichert, die für alle einsehbar ist. Wenn jemand Ihre Wallet-Adresse mit Ihrer Identität verknüpft, kann er sämtliche Ihrer Transaktionen nachverfolgen.

Monero verfolgt einen ganz anderen Ansatz. Hier ist Privatsphäre von Anfang an fester Bestandteil und nicht nur eine optionale Funktion. Die Technologie hinter dieser Anonymität beruht auf drei zentralen Komponenten:

- **Ring-Signaturen** verschleiern den Ursprung des Geldes, indem Ihre Transaktion mit anderen vermischt wird.
- **Stealth-Adressen** erzeugen für jede Transaktion eine einmalige Adresse, sodass Außenstehende keine Verbindung zwischen Zahlungen herstellen können.
- **Vertrauliche Transaktionen** verbergen die transferierten Beträge vollständig.

Das Ergebnis ist vollständige finanzielle Privatsphäre. Weder Monero-Guthaben noch die Transaktionshistorie einer Person sind öffentlich einsehbar. Selbst wenn Sie es wollten, hätten Sie keinen Zugriff.

Diese Eigenschaft macht Monero durchaus umstritten. Strafverfolgungsbehörden äußern Bedenken hinsichtlich möglicher illegaler Nutzung. Einige Börsen haben Monero aufgrund regulatorischen Drucks von ihren Plattformen entfernt. Befürworter von Monero hingegen sehen in der Privatsphäre ein fundamentales Menschenrecht, das nicht verhandelbar sein sollte.

Beim Mining von Monero kommt der Algorithmus RandomX zum Einsatz. Dieser wurde speziell dafür entwickelt, effizient auf herkömmlichen Computerprozessoren zu laufen. Dadurch bleibt das Mining für Einzelpersonen mit normaler Hardware zugänglich und wird nicht nur großen Mining-Farmen überlassen.

Trotz aller Kontroversen hat Monero eine loyale und engagierte Gemeinschaft von Datenschutzbefürwortern. Es gehört nach wie vor zu den führenden Kryptowährungen, gemessen an Marktkapitalisierung und tatsächlicher täglicher Nutzung.

Zcash: Privatsphäre, wenn Sie sie brauchen

Mit Zcash haben Sie die Freiheit zu wählen. Anders als bei Bitcoin können Sie Ihre Transaktionen entweder privat halten oder öffentlich machen. Diese Flexibilität basiert auf einer hochentwickelten kryptografischen Methode namens zk-SNARKs (Zero-Knowledge Succinct Non-Interactive Arguments of Knowledge).

Einfach ausgedrückt ermöglichen zk-SNARKs den Nachweis, dass Sie etwas wissen, ohne offenlegen zu müssen, was genau Sie wissen. Mit Zcash können Sie beweisen, dass Sie über ausreichend Guthaben verfügen, ohne Ihren tatsächlichen Kontostand preiszugeben.

Zcash bietet zwei Arten von Adressen: Transparente Adressen funktionieren wie bei Bitcoin, bei denen alle Informationen öffentlich auf der Blockchain sichtbar sind. Abgeschirmte Adressen hingegen verbergen Absender, Empfänger und Betrag. Sie können jederzeit Gelder zwischen diesen beiden Adresstypen transferieren.

Dieser Ansatz der „selektiven Offenlegung" adressiert ein reales Bedürfnis. In manchen Situationen ist Privatsphäre unerlässlich, in anderen ist Transparenz gefordert. Ein Unternehmen benötigt möglicherweise private Transaktionen mit Zulieferern, aber öffentliche Transaktionen für die Buchhaltung oder Steuerbehörden. Zcash ist darauf ausgelegt, beide Anforderungen zu unterstützen, auch wenn die Nutzung der Datenschutzfunktionen mehr Rechenleistung und eine geeignete Wallet erfordert.

Die Technologie hinter Zcash hat sich weit über die Währung selbst hinaus verbreitet. Viele andere Projekte haben zk-SNARKs für eigene Datenschutzlösungen übernommen oder in abgewandelter Form integriert. Selbst Ethereum plant, ähnliche Technologien für Skalierungslösungen einzusetzen.

Utility Tokens und Anwendungen in der realen Welt

Filecoin: Der dezentrale Speichermarkt

Cloud-Speicher bedeutet normalerweise, dass man Unternehmen wie Amazon oder Google dafür bezahlt, die eigenen Dateien auf deren Servern abzulegen. Filecoin stellt dieses Modell auf den Kopf und schafft einen offenen Marktplatz, auf dem jeder, der über ungenutzten Festplattenspeicher verfügt, Geld verdienen kann, indem er Dateien für andere speichert.

Ins Leben gerufen wurde das Projekt von Juan Benet, nachdem er zuvor IPFS (InterPlanetary File System) entwickelt hatte – ein Protokoll für verteilte Dateispeicherung. Während IPFS den Dateitransfer regelt, sorgt Filecoin durch wirtschaftliche Anreize dafür, dass die gespeicherten Daten langfristig verfügbar bleiben.

Das System setzt zwei innovative Konsensmechanismen ein. Der sogenannte **Proof of Replication** bestätigt, dass Anbieter tatsächlich die Daten speichern, die sie angeben. **Proof of Spacetime** belegt, dass sie diese Daten über einen bestimmten Zeitraum hinweg kontinuierlich verfügbar halten. Anbieter müssen FIL-Tokens als Sicherheit hinterlegen, die sie verlieren, wenn sie ihrer Speicherverpflichtung nicht nachkommen.

Im Vergleich zu traditionellen Cloud-Diensten könnte Filecoin niedrigere Kosten und einen besseren Schutz vor Zensur bieten. Da kein zentrales Unternehmen das Netzwerk kontrolliert, können Dateien nicht einfach durch staatlichen Druck oder interne Unternehmensrichtlinien gelöscht werden.

Die zentrale Frage ist, ob Filecoin bei Preis und Benutzerfreundlichkeit mit etablierten Anbietern mithalten kann. Die Datenspeicherung über AWS oder Google Drive ist bequem und kostengünstig. Filecoin muss eine vergleichbare Nutzererfahrung bieten und gleichzeitig genügend Vorteile mitbringen, um Nutzer zum Umstieg zu bewegen.

Basic Attention Token: Online-Werbung neu denken

Online-Anzeigen verfolgen jede Ihrer Bewegungen. Sie verlangsamen Websites, belasten Ihren Datenplan und trotzdem fließt der Großteil des Geldes nicht an die Autorinnen und Autoren der Inhalte, die Sie schätzen, sondern an die Plattformen, die die Werbung ausspielen.

Basic Attention Token (BAT) und der Brave-Browser setzen genau hier an und überdenken die Funktionsweise von Online-Werbung grundlegend. Ihr Ansatz gibt Ihnen die Kontrolle über Ihre Aufmerksamkeit zurück, die sie zu Recht als wertvolle Ressource betrachten, um die alle konkurrieren.

Brave blockiert standardmäßig klassische Werbung und Tracker. Dadurch laden Websites schneller, und Ihr Surfverhalten bleibt privat. Doch es gibt ein besonderes Feature: Sie können sich freiwillig dazu entscheiden, speziell kuratierte Brave-Anzeigen zu sehen. Dafür werden Sie mit BAT-Token belohnt. Diese Anzeigen erscheinen als dezente Systembenachrichtigungen und nicht in Form störender Banner oder Pop-ups.

Verlage und Content-Ersteller erhalten BAT, wenn Sie Zeit auf ihren Seiten verbringen. Ihren Lieblingsautorinnen und -autoren können Sie außerdem direkt ein Trinkgeld geben. So werden die zentralen Werbenetzwerke und Datenmakler umgangen, die normalerweise den größten Teil der Einnahmen einbehalten.

Die Zahlen zeigen ein wachsendes Interesse. Brave hat inzwischen Millionen monatlicher Nutzerinnen und Nutzer. Viele YouTuber, Twitch-Streamer und Websites haben sich registriert, um BAT zu empfangen. Auch große Marken führen inzwischen Werbekampagnen über die Plattform durch.

BAT hat Google oder Facebook zwar noch nicht abgelöst, bietet aber eine klare Vision davon, wie Werbung künftig aussehen könnte: respektvoll gegenüber der Privatsphäre, fair gegenüber den Urheberinnen und Urhebern und tatsächlich lohnend für die Nutzerinnen und Nutzer, die sich bewusst dafür entscheiden.

Stablecoins: Die Brücke zwischen traditioneller und Krypto-Finanzierung

USDC und USDT: Digitale Dollars

Bitcoin kann an einem einzigen Tag um 10 Prozent steigen oder fallen. Das macht ihn zwar attraktiv für Spekulation, aber ungeeignet für den täglichen Gebrauch. Stablecoins lösen dieses Problem, da sie ihren Wert stabil halten und in der Regel an eine traditionelle Währung wie den US-Dollar gekoppelt sind.

USDT (Tether) setzte 2014 den Maßstab für dieses Konzept. USDC folgte 2018 als stärker regulierte Alternative. Beide basieren auf einer einfachen Idee: USDT wird durch eine Mischung aus Vermögenswerten gedeckt, darunter Bargeld, bargeldnahe Mittel und andere Reserven, nicht ausschließlich durch Dollar auf Bankkonten. Dieses 1:1-Reserveverhältnis sorgt dafür, dass der Preis bei etwa einem Dollar bleibt.

Beide Coins spielen eine zentrale Rolle auf den Kryptomärkten. Sie bieten Händlern einen sicheren Hafen für ihr Kapital während volatiler Marktphasen, ermöglichen schnelle Transfers zwischen Börsen und dienen als vertraute Rechnungseinheit für Einsteiger in die Kryptowelt.

Es gibt jedoch wichtige Unterschiede. USDC, gegründet von Circle und Coinbase, veröffentlicht monatlich Prüfberichte über seine Reserven, erstellt von renommierten Wirtschaftsprüfungsgesellschaften. USDT sah sich hingegen kritischen Fragen zur Deckung gegenüber und einigte sich nach einer Untersuchung mit der Generalstaatsanwaltschaft des Bundesstaats New York.

Die Bedeutung dieser Stablecoins geht über den Handel hinaus. Sie ermöglichen schnelle, kostengünstige internationale Zahlungen ohne Umrechnungsgebühren, bringen Dollar-Stabilität in Länder mit schwachen Währungen und bilden die Grundlage für zahlreiche Kredit- und Sparlösungen innerhalb der Kryptosphäre.

DAI: Der algorithmische Ansatz

DAI verfolgt einen völlig anderen Weg zur Stabilität. Statt durch eingezahlte Dollar auf einem Bankkonto gedeckt zu sein, wird DAI durch überschüssige Kryptowährungen besichert. So entfällt die Notwendigkeit eines zentralen Emittenten, allerdings wird das System dadurch komplexer.

Das funktioniert über sogenannte „Tresore" auf der MakerDAO-Plattform. Dort hinterlegen Nutzer Kryptowährungen im Wert von mehr als dem gewünschten DAI-Betrag, meist mindestens 150 Prozent. Diese Überbesicherung schützt das System vor Marktschwankungen. Sinkt der Wert der Sicherheiten zu stark, werden sie automatisch liquidiert, um die Dollar-Kopplung von DAI aufrechtzuerhalten.

Hinter DAI steht MakerDAO, eine dezentrale autonome Organisation. Inhaber von MKR-Token stimmen über zentrale Systemparameter ab, etwa über akzeptierte Sicherheiten, notwendige Besicherungsquoten und Stabilitätsgebühren, also im Wesentlichen die Zinssätze für die Generierung von DAI.

Dieser Ansatz hat seine Vor- und Nachteile. DAI ist weniger anfällig für regulatorische Eingriffe, wie sie bei zentralisierten Stablecoins vorkommen können. Es gibt keinen zentralen Akteur, der Gelder einfrieren oder Transaktionen zensieren kann. Allerdings zeigte sich in extremen Marktphasen, etwa beim Krypto-Crash im März 2020, dass auch DAI anfällig ist. Damals wurden viele Tresore zwangsliquidiert.

Trotz dieser Herausforderungen hat sich DAI über die Zeit hinweg weitgehend stabilisiert, selbst nach kurzen Phasen der Volatilität. Sein Erfolg inspirierte zahlreiche weitere algorithmische Stablecoins, von denen sich jedoch viele als weniger robust erwiesen. Für alle, die echte Dezentralisierung schätzen, bietet DAI etwas, das zentralisierte Stablecoins nicht bieten können: finanzielle Stabilität ohne zentrale Kontrolle.

Zukünftige Trends in der Altcoin-Entwicklung

Der Altcoin-Sektor befindet sich in ständiger Weiterentwicklung. Mehrere deutliche Trends zeigen, wohin die Reise geht.

Layer-2-Lösungen gewinnen zunehmend an Bedeutung, da sie helfen, die Skalierungsprobleme vieler Blockchains zu lösen. Wie im vorherigen Kapitel bereits angesprochen, verarbeiten diese Systeme Transaktionen außerhalb der Hauptkette und führen die Ergebnisse regelmäßig zurück. Dadurch lässt sich der Transaktionsdurchsatz erheblich steigern, ohne dabei Sicherheit oder Dezentralisierung zu gefährden. Optimistic Rollups und Zero-Knowledge-Rollups gehören dabei zu den führenden Technologien und können die Effizienz um das Hundertfache oder mehr erhöhen.

Auch die kettenübergreifende Technologie entwickelt sich weiter. Was früher als Spezialfall galt, wird zunehmend zur Norm. Projekte wie THORChain und Cosmos schließen sich Polkadot an und schaffen eine Infrastruktur, die den nahtlosen Austausch von Vermögenswerten und

Informationen zwischen unterschiedlichen Blockchains ermöglicht. Die Grenzen zwischen Krypto-Ökosystemen beginnen zu verschwimmen, da Nutzer vermehrt erwarten, dass sie ihre Tokens und Daten frei zwischen Plattformen bewegen können.

Ein weiterer wachsender Trend ist die Tokenisierung realer Vermögenswerte. Staatsanleihen, Immobilien und Emissionszertifikate werden zunehmend in digitale Token auf der Blockchain überführt. Das bedeutet, dass klassische Anlageformen durch Kryptotechnologie handelbar werden. Dies könnte einen Markt erschließen, dessen Volumen potenziell Hunderte Billionen Dollar umfasst.

Auch die Integration von KI in Blockchain-Systeme steckt noch in den Kinderschuhen, birgt jedoch enormes Potenzial. Maschinelles Lernen könnte eingesetzt werden, um optimale Parameter in DeFi-Protokollen zu ermitteln, Netzwerküberlastungen vorherzusagen oder auffällige Transaktionsmuster zu identifizieren. In Kombination mit Datenschutztechnologien könnte KI sogar verschlüsselte Daten analysieren, ohne die Privatsphäre der Nutzer zu gefährden.

Altcoins haben die Blockchain von einem einfachen digitalen Wertspeicher zu einem vielseitigen Ökosystem spezialisierter Lösungen weiterentwickelt. Während Bitcoin das Grundprinzip bewiesen hat, haben Altcoins die Funktionalität massiv erweitert und viele Einschränkungen überwunden.

Sie haben nun die wichtigsten Kategorien kennengelernt: Bitcoin-Alternativen, die auf Geschwindigkeit und Skalierbarkeit setzen, Smart-Contract-Plattformen für komplexe Anwendungen, Privacy Coins zum Schutz finanzieller Vertraulichkeit, Utility Tokens zur Lösung praktischer Probleme sowie Stablecoins als Brücke zwischen traditioneller und Krypto-Finanzwelt. Natürlich lassen sich nicht alle Kryptowährungen in einem einzigen Kapitel oder Buch erfassen. An diesem Punkt sind Sie gefordert, selbst aktiv zu werden und sich mit DYOR (Do Your Own Research) auseinanderzusetzen. In Kapitel 8 zur Fundamentalanalyse lernen Sie, wie Sie beurteilen können, welche Altcoins potenziell lohnende Investitionen darstellen.

Die technischen Grundlagen aus diesem Kapitel werden Ihnen dabei helfen, fundierte Entscheidungen zu treffen. Nachfolgend finden Sie eine Tabelle, die die wichtigsten Inhalte zusammenfasst.

Nachdem Sie nun die grundlegenden Prinzipien und Mechanismen hinter der Blockchain-Technologie, Bitcoin, Ethereum und den bedeutendsten Altcoins verstanden haben, stellt sich die Frage, wie Sie Ihre Kryptowährungen sicher aufbewahren. Im nächsten Kapitel beschäftigen wir uns daher mit dem Thema Wallets.

ALTCOIN	WAS ES TUT	WARUM ES ANDERS IST
Litecoin (LTC)	Eine schnellere Version von Bitcoin	Schnellere Transaktionen und anfangs leichter zu minen
Bitcoin Cash (BCH)	Ein Bitcoin-Ableger	Verarbeitet mehr Transaktionen mit niedrigeren Gebühren
Solana (SOL)	Eine schnelle Smart-Contract-Plattform	Super schnelle und günstige Transaktionen
Cardano (ADA)	Eine sorgfältige, forschungsbasierte Plattform	Langsam entwickelt mit peer-reviewter Wissenschaft
Polkadot (DOT)	Verbindet verschiedene Blockchains	Ermöglicht Blockchains, wie ein großes Netzwerk zusammenzuarbeiten
Chainlink (LINK)	Liefert reale Daten an Blockchains	Hilft Smart Contracts, Dinge wie Preise oder Wetter zu kennen
Uniswap (UNI)	Ein Ort zum Krypto-Traden ohne Mittelsmann	Nutzt Mathematik statt Orderbüchern zur Preisbestimmung
Monero (XMR)	Hält deine Transaktionen privat	Versteckt Sender, Empfänger und Beträge standardmäßig
Zcash (ZEC)	Lässt dich zwischen Privatsphäre und Transparenz wählen	Du entscheidest, ob eine Transaktion öffentlich oder privat ist
Filecoin (FIL)	Bezahlt Menschen für das Speichern von Dateien	Dezentrale Alternative zu Google Drive oder Dropbox
Basic Attention Token (BAT)	Bezahlt dich fürs Anschauen von Werbung	Funktioniert mit dem Brave-Browser und belohnt deine Aufmerksamkeit
USDT (Tether)	Ein stabiler Krypto, an den Dollar gebunden	Gut zum Sparen oder Handeln ohne Preisschwankungen
USDC	Ein regulierter, stabiler digitaler Dollar	Ähnlich wie USDT, aber mit mehr Transparenz
DAI	Eine Stablecoin ohne zentrales Unternehmen	Gedeckt durch Krypto, nicht durch Dollars auf einer Bank

4 WALLETS: SPEICHERN UND SCHÜTZEN

Man könnte sich eine Kryptowährungs-Wallet wie die Brieftasche Ihres Vaters vorstellen, die er seit 30 Jahren mit sich herumträgt, nur digital, zur Aufbewahrung von Kryptowährungen anstelle von Bargeld, und wahrscheinlich in besserem Zustand. Keine abgelaufene Blockbuster-Karte, keine zerknitterten Quittungen und definitiv kein drittes Klassenfoto mit dem peinlichen Topfschnitt, den Ihre Mutter Ihnen damals verpasst hat. Vielleicht ähneln sie sich also doch nicht so sehr. Zumal es deutlich schwieriger ist, eine Krypto-Wallet zu verlieren, vorausgesetzt, Sie verlieren nicht Ihren Private Key.

Damit sind wir auch schon beim wichtigsten Punkt: Wie lagern und schützen Sie Ihre Kryptowährungen richtig? Die sichere Aufbewahrung ist genauso wichtig wie die Wahl der Vermögenswerte, in die Sie investieren. Deshalb ist es essenziell, sich mit diesem Thema zu beschäftigen, bevor Sie überhaupt mit dem Investieren beginnen. Kryptowährungen beruhen auf dem Prinzip der Selbstverwahrung, das bedeutet, dass Sie allein für die Sicherheit Ihrer Vermögenswerte verantwortlich sind. Sie müssen sowohl umsichtig als auch vorausschauend handeln. Gehen Ihre Wallet-Zugangsdaten verloren, ist Ihr Geld für immer weg.

Arten von Wallets

Es gibt verschiedene Arten von Krypto-Wallets, und nicht alle sind gleich. Jede hat ihre Vor- und Nachteile. Wenn Sie die Unterschiede verstehen, können Sie gezielt entscheiden, welche Lösung am besten zu Ihren Zielen passt, anstatt nur nach Bequemlichkeit zu gehen und es später zu bereuen.

Verwahrte Wallets vs. Wallets mit Selbstverwahrung

Verwahrte Wallets (Custodial Wallets) werden von Dritten wie Börsen oder Investmentplattformen verwaltet. Sie sind praktisch, erfordern jedoch Vertrauen in den Anbieter, dass dieser Ihre Assets sicher verwahrt. Solche Wallets sind typisch für zentrale Börsen (CEX) oder institutionelle Konten wie Krypto-IRAs. Wird die Plattform gehackt oder friert Abhebungen ein, verlieren Sie unter Umständen den Zugriff auf Ihr Vermögen.

Wallets mit Selbstverwahrung (Non-Custodial Wallets) geben Ihnen die vollständige Kontrolle über Ihre Private Keys und Ihr Geld. Sie tragen die volle Verantwortung für die Sicherung Ihrer Zugangsdaten. Gehen diese verloren, verlieren Sie den Zugriff unwiderruflich. Der Aufwand ist höher, doch viele Anleger bevorzugen diese Variante wegen der zusätzlichen Sicherheit.

Hot Wallets vs. Cold Wallets

Zur weiteren Unterscheidung gibt es Hot Wallets (mit Internetverbindung) und Cold Wallets (ohne Internetverbindung).

Hot Wallets sind ständig online. Sie sind ideal für den täglichen Gebrauch und bieten bequemen Zugriff über mobile Apps, Desktop-Programme oder Web-Anwendungen. Wenn Sie Ihr Geld bei einer Börse aufbewahren, liegt es meist in einer Hot Wallet.

Vorteile von Hot Wallets:

- **Sofortiger Zugriff:** Sie können jederzeit kaufen, verkaufen oder handeln.
- **Benutzerfreundlich:** Ideal für Einsteiger dank intuitiver Bedienung.

- **Integriert in Börsen:** Viele Hot Wallets sind direkt mit Exchanges verbunden.

Nachteile von Hot Wallets:

- **Höheres Sicherheitsrisiko:** Online-Verbindung macht sie anfällig für Hacking, Phishing und Malware.
- **Verwahrungsrisiko:** Bei einigen Wallets (z. B. von Börsen) verwalten Sie nicht Ihre Private Keys, sondern vertrauen dem Anbieter.

Bewährte Praxis: Lagern Sie in einer Hot Wallet nur die Beträge, die Sie kurzfristig benötigen. Für größere Bestände empfiehlt sich Cold Storage.

Cold Wallets sind offline und damit deutlich sicherer. Sie können entweder softwarebasiert (z. B. Air-Gapped Devices) oder hardwarebasiert (physische Geräte) sein. Da sie keine Internetverbindung haben, sind sie nahezu immun gegen externe Angriffe.

Warum Cold Wallets verwenden?

- Ideal für langfristige Lagerung größerer Bestände.
- Deutlich geringeres Risiko durch Offline-Nutzung.
- Schutz vor Börsenrisiken, Betrug oder staatlichen Zugriffen.

Cold Wallets sind zwar sehr sicher, doch auch hier gilt: Werden private Schlüssel offengelegt oder das Gerät kompromittiert, ist der Zugriff ebenfalls verloren.

Arten von Cold Wallets

1. **Hardware-Wallets:** Geräte wie der Ledger Nano X oder das Trezor Model T speichern private Schlüssel offline und ermöglichen sichere Transaktionen.

Vorteile: Höchste Sicherheit, unterstützt viele Kryptowährungen, relativ einfache Bedienung.
Nachteile: Anschaffungskosten (50-200 USD), sollte sicher aufbewahrt werden (z. B. im feuersicheren Tresor).

2. **Papier-Wallets:** Ausdrucke mit QR-Code oder notierter Seed Phrase auf Papier.

Vorteile: Keine Online-Verbindung, sehr sicher bei richtiger Lagerung.
Nachteile: Verlust oder Beschädigung bedeutet Totalverlust – keine Wiederherstellung möglich.

3. **Air-Gapped Wallets:** Software-Wallets auf Geräten, die niemals online gehen. Besonders für institutionelle Anleger oder hohe Summen geeignet.

Bewährte Praxis: Verwenden Sie für große Beträge eine Hardware-Wallet und lagern Sie Ihre Seed Phrase sicher getrennt.

Hot vs. Cold, Custodial vs. Non-Custodial: Wie sich die Kombinationen überschneiden

Jede Wallet ist entweder verwahrt oder nicht verwahrt – und entweder heiß oder kalt. Es gibt also vier Hauptkombinationen:

- **Custodial Hot Wallets:** Online, ohne eigene Schlüsselverwaltung. Beispiele: Binance, Kraken, Coinbase
- **Non-custodial Hot Wallets:** Online, mit vollständiger Schlüsselkontrolle. Beispiele: MetaMask, Trust Wallet, Exodus
- **Custodial Cold Wallets:** Offline, aber die Keys liegen bei Drittanbietern (selten, meist institutionell). Beispiele: Coinbase Custody, BitGo
- **Non-custodial Cold Wallets:** Offline und vollständig unter Ihrer Kontrolle. Beispiele: Ledger, Trezor, Paper Wallets

Mehr Möglichkeiten zum Schutz Ihrer Wallets

Der Schutz Ihrer Kryptowährungen geht weit über die Wahl der richtigen Wallet hinaus. Die folgenden Strategien helfen Ihnen, Ihr digitales Vermögen vor Hackern, Betrügern und unerwarteten Risiken zu schützen.

Absicherung von Netzwerken und Geräten: Verteidigung gegen Cyber-Bedrohungen

Ihre Kryptowährungen sind nur so sicher wie die Geräte und Netzwerke, die Sie verwenden. Hacker nutzen Malware, Phishing und andere Angriffsformen, um an Kryptowährungen zu gelangen, und zielen dabei oft auf unachtsame Nutzer.

Diese Sicherheitsmaßnahmen sollten Sie unbedingt berücksichtigen:

- **Verwenden Sie ein VPN**: So schützen Sie Ihre Internetverbindung, insbesondere wenn Sie Ihre Krypto-Konten unterwegs überprüfen.
- **Meiden Sie öffentliche WLAN-Netzwerke**: Diese sind anfällig für Angriffe und sollten beim Umgang mit Kryptowährungen vermieden werden.
- **Installieren Sie Anti-Malware-Software**: Tools wie Wallet Guard (eine kostenlose Browser-Erweiterung) helfen, sich gegen Keylogger und andere Bedrohungen zu schützen.
- **Aktivieren Sie die Zwei-Faktor-Authentifizierung**: Nutzen Sie bevorzugt eine Authentifizierungs-App statt SMS, um die Sicherheit weiter zu erhöhen.

Wahrung der Privatsphäre: Reduzierung der Angriffsfläche

Kryptotransaktionen sind zwar nicht direkt mit Ihrem Namen verknüpft, aber dennoch nicht vollständig anonym. Blockchain-Transaktionen sind öffentlich einsehbar, und persönliche Informationen können offengelegt werden, wenn sie mit Ihrer Wallet verknüpft sind.

So verbessern Sie Ihre Privatsphäre:

- **Verwenden Sie eine separate E-Mail-Adresse** für alle Krypto-Aktivitäten, um Ihre persönliche Identität besser zu schützen.

- **Vermeiden Sie es, Ihre Wallet-Adressen öffentlich zu teilen**: Wer Ihre Adresse kennt, kann Ihre Transaktionen nachvollziehen.
- **Ziehen Sie Privacy Coins in Betracht**: Kryptowährungen wie Monero oder Zcash bieten verbesserte Anonymität.

Schutz von Private Keys

Wenn Sie Ihre Kryptowährungen in einer nicht-verwahrten Cold Wallet halten, sind Sie für Ihre Private Keys selbst verantwortlich. Gerät jemand in deren Besitz, kann er Ihre gesamten Bestände stehlen – und Sie haben keine Möglichkeit, sie zurückzuerlangen.

Allein im Jahr 2023 wurden Kryptofonds im Wert von 1,7 Milliarden US-Dollar gestohlen. Das zeigt, wie entscheidend starker Schutz ist.

Wichtige Maßnahmen:

- Geben Sie niemals Ihre Private Keys oder Seed Phrases weiter.
- Nutzen Sie sichere und einzigartige Passwörter.
- Aktivieren Sie, wo möglich, Zwei-Faktor-Authentifizierung.
- Bewahren Sie Ihre Seed Phrase an mehreren sicheren Orten auf.

Merken Sie sich: Wenn Sie nicht die Kontrolle über die Private Keys haben, gehören Ihnen die Coins auch nicht wirklich.

Regelmäßige Sicherheitsüberprüfungen

Ein häufig übersehener Aspekt der Krypto-Sicherheit ist die regelmäßige Überprüfung aller Sicherheitsvorkehrungen. So wie Sie regelmäßig Ihr Auto warten oder Ihre Anlagen prüfen, sollten Sie auch Ihre Schutzmaßnahmen aktuell halten.

So führen Sie ein Sicherheitsscreening durch:

- **Überprüfen Sie Ihre Wallet-Sicherheit**: Stellen Sie sicher, dass Ihre Software aktuell ist und Ihre Seed Phrase sicher verwahrt wird.

- **Schützen Sie sich vor Phishing**: Achten Sie auf verdächtige E-Mails oder Links, die auf Krypto-Betrug abzielen.
- **Aktualisieren Sie regelmäßig Ihre Anwendungen**: Halten Sie Wallet-Apps, Browser-Erweiterungen und Firmware von Hardware-Wallets auf dem neuesten Stand.
- **Beobachten Sie Ihre Kontobewegungen**: Überprüfen Sie regelmäßig, ob es ungewöhnliche Aktivitäten in Ihren Börsenkonten gibt.

Tipp: Setzen Sie sich alle paar Monate eine Erinnerung für einen umfassenden Sicherheitscheck.

Diversifizierung: Risikominimierung durch mehrere Wallets

Diversifikation ist ein Grundprinzip jeder Anlagestrategie – und das gilt auch für die Aufbewahrung Ihrer Kryptowährungen. Wenn Sie alles in einer einzigen Wallet oder auf einer einzigen Plattform speichern, riskieren Sie bei einem Sicherheitsvorfall den Totalverlust.

So diversifizieren Sie richtig:

- **Verwenden Sie mehrere Wallets**: Nutzen Sie eine Hot Wallet für den täglichen Gebrauch und eine oder mehrere Cold Wallets für langfristige Aufbewahrung.
- **Halten Sie Ihr Börsenguthaben gering**: Lassen Sie keine größeren Beträge auf Börsen liegen.
- **Verteilen Sie Ihr Vermögen auf verschiedene Blockchains**: So senken Sie Risiken, die mit technischen Problemen oder regulatorischen Änderungen auf einzelnen Netzwerken verbunden sein können.

Ein Beispiel: Beim Hack der Atomic Wallet im Jahr 2023 gingen über 35 Millionen US-Dollar verloren. Ein schmerzhaftes Beispiel dafür, wie wichtig es ist, Krypto-Vermögen auf mehrere Wallets zu verteilen.

Übung: Die Wallet einrichten

Hier finden Sie eine Schritt-für-Schritt-Anleitung, wie Sie Ihr Wallet auswählen und einrichten können:

Schritt 1: Wählen Sie die richtige Wallet

Basierend auf unserer Diskussion über die verschiedenen Arten von Wallets gibt es drei wichtige Fragen, die Sie sich stellen sollten, um Ihre Optionen zu bewerten:

- **Kontrolle:** Wie viel Kontrolle möchten Sie über Ihre Investitionen haben?
- **Konnektivität:** Wie zugänglich sollen Ihre Investitionen sein?
- **Sicherheit:** Wie sicher sollen Ihre Investitionen sein?

Die Einschätzung Ihrer Bedürfnisse hilft Ihnen dabei, den passenden Wallet-Typ zur Sicherung Ihrer Bestände auszuwählen. Hier ist eine Matrix, die Ihnen bei der Bewertung helfen kann:

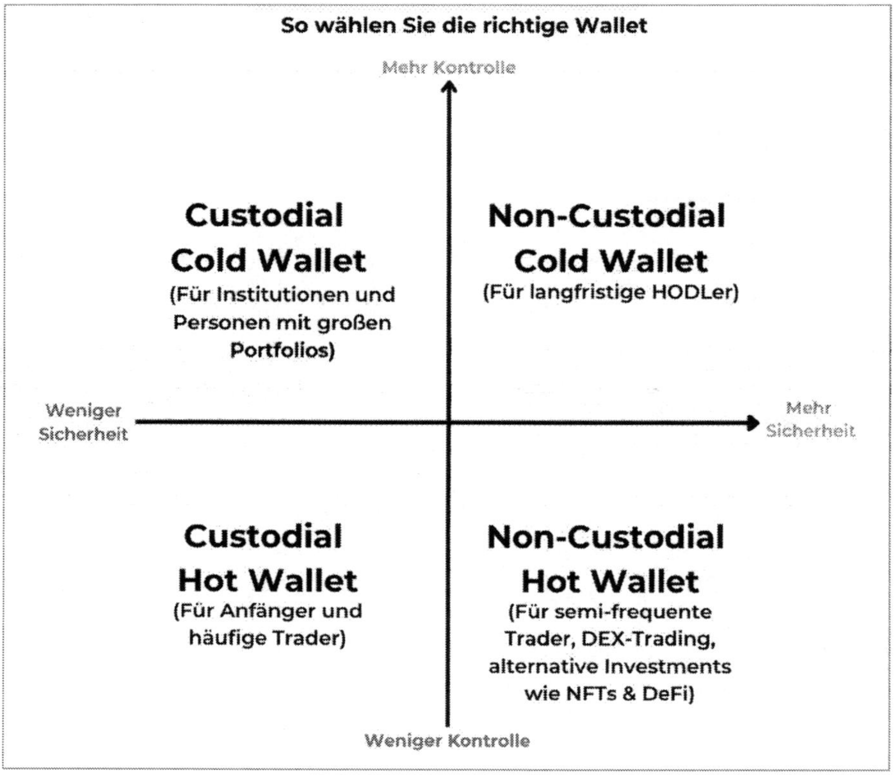

Denken Sie daran, dass Sie sich nicht auf eine einzige Option festlegen müssen. Viele Anleger verwenden sowohl eine Hot Wallet für tägliche Transaktionen als auch eine Cold Wallet für langfristige Bestände. Das bedeutet, dass Sie sich nur entscheiden müssen, ob Sie eine verwahrte oder eine nicht verwahrte Wallet bevorzugen, und dann eine der auf dem Markt verfügbaren Optionen auswählen. Die meisten Neueinsteiger starten mit einer verwahrten Hot Wallet über eine zentrale Börse.

Schritt 2: Generierung und Sicherung Ihrer Seed Phrase

Sobald Ihre Wallet eingerichtet ist, wird eine Seed Phrase generiert. Diese Sammlung von 12 bis 24 zufälligen Wörtern dient als Hauptschlüssel zu Ihrem Guthaben. Sollten Sie den Zugang zu Ihrer Wallet verlieren, können Sie diese und alle Private Keys mithilfe der Seed Phrase wiederherstellen.

Jeder, der Ihre Seed Phrase kennt, kann auf Ihre Kryptowährungen zugreifen. Behandeln Sie sie wie ein wertvolles Familienerbstück: Bewahren Sie sie geschützt auf.

- Schreiben Sie sie auf Papier und verwahren Sie dieses an einem sicheren Ort (zum Beispiel in einem feuerfesten Safe oder Schließfach).
- Speichern Sie sie niemals digital (weder auf dem Handy, Computer noch in der Cloud).
- Erwägen Sie Metallsicherungen wie **Cryptosteel** oder **Billfodl**, die sowohl feuer- als auch wasserfest sind.

Goldene Regel: Jemand fragt nach Ihrer Seed Phrase? 100 Prozent Betrug. Echte Dienste fragen niemals danach.

Schritt 3: Testen der Wallet-Wiederherstellung

Viele richten ihre Wallet ein, testen jedoch nie die Wiederherstellung und gehen davon aus, dass ihre Seed Phrase im Notfall funktioniert. Gibt es jedoch einen Fehler oder ist das Backup unvollständig, könnten Sie alles unwiederbringlich verlieren.

Vermeiden Sie diesen Albtraum, indem Sie einen Wiederherstellungstest durchführen:

1. Richten Sie eine neue Wallet auf einem anderen Gerät ein.

2. Geben Sie Ihre Seed Phrase ein, um die Wallet wiederherzustellen.

3. Überprüfen Sie, ob Ihr Guthaben korrekt angezeigt wird.

Wenn die Wiederherstellung funktioniert, bewahren Sie Ihre Seed Phrase an einem sicheren Ort auf, auf den nur Sie Zugriff haben.

Ein sicheres Fundament

In diesem Kapitel haben wir die wesentlichen Sicherheitsaspekte von Kryptowährungen behandelt, die jeder Anleger kennen muss. Wir haben die verschiedenen Wallet-Typen betrachtet und erklärt, warum die Selbstverwahrung durch Non-Custodial- und Cold Wallets die beste Sicherheit und Kontrolle bietet.

Außerdem haben wir grundlegende Sicherheitspraktiken erläutert, die zur Selbstverständlichkeit werden sollten: sichere Passwörter, Zwei-Faktor-Authentifizierung und das Sichern von Seed Phrasen an mehreren geschützten Orten.

Denken Sie daran: Bei Kryptowährungen SIND SIE die Bank. Das bedeutet große finanzielle Freiheit, bringt aber auch eine erhebliche Eigenverantwortung mit sich. Diese Maßnahmen sind keine optionalen Extras. Lernen Sie sie nicht auf die harte Tour.

Jetzt, da Sie eine solide Grundlage für die Sicherung Ihrer Kryptowährungen haben, sind Sie bereit, eine Börse zu finden, um das zu tun, was Sie ursprünglich mit diesem Buch erreichen wollten: investieren. Im nächsten Kapitel unterstützen wir Sie bei der Auswahl einer geeigneten Börse. Wir untersuchen die verschiedenen verfügbaren Typen und helfen Ihnen dabei, herauszufinden, welche zu Ihren Handelszielen passt.

5 KRYPTOWÄHRUNGSBÖRSEN: KAUFEN, VERKAUFEN UND HANDELN

Krypto-Börsen sind Marktplätze (in der Regel Apps), auf denen Menschen digitale Währungen kaufen, verkaufen und handeln. Ähnlich wie Börsen für traditionelle Investitionen bilden diese Plattformen das Rückgrat der Kryptowirtschaft und ermöglichen Ihnen den Zugang zu verschiedenen digitalen Vermögenswerten. Der große Unterschied? Im Gegensatz zum Aktienmarkt schläft die Welt der Kryptowährungen nie. Sie können rund um die Uhr handeln.

In diesem Kapitel gehen wir auf die wichtigsten Aspekte ein, um Ihnen zu helfen, die passende Börse zu finden und mit dem Handel zu beginnen.

Arten des Austauschs

Die Wahl der richtigen Börse ist ein zentraler Schritt für neue Krypto-Investoren. Angesichts der Vielzahl an Optionen mit unterschiedlichen Funktionen, Gebühren, unterstützten Coins und Sicherheitsmaßnahmen kann der Einstieg zunächst überwältigend wirken. Einige Plattformen richten sich speziell an Einsteiger mit benutzerfreundlichen Oberflächen, während andere fortgeschrittene Tools für erfahrene Trader bieten.

Grundsätzlich gibt es drei Haupttypen von Kryptowährungsbörsen, die jeweils ihre eigenen Vor- und Nachteile mit sich bringen:

Zentralisierte Exchanges (CEXs)

Stellen Sie sich eine Kryptowährungsbörse wie eine digitale Wechselstube vor – nur moderner. Plattformen wie Coinbase oder Binance bringen Käufer und Verkäufer zusammen, ähnlich wie eine klassische Börse. Sie können dort Euro einzahlen und gegen Bitcoin oder andere Coins tauschen.

Diese Plattformen sind ideal für Einsteiger: einfach zu bedienen, übersichtlich und schnell. Der Haken? Sie müssen dem Anbieter vertrauen – denn Ihre Coins liegen erst einmal bei ihm, nicht bei Ihnen. Es ist ein bisschen so, als würden Sie Bargeld bei der Bank einzahlen: praktisch, aber nicht ganz in Ihrer Hand.

Vorteile:

- **Fiat-Kompatibilität:** Einfacher Kauf von Kryptowährungen per Banküberweisung, Kreditkarte oder PayPal
- **Hohe Liquidität:** Mehr Nutzer bedeuten schnelleren Handel mit minimalen Kursabweichungen
- **Kundenbetreuung:** Unterstützung über Support Desks, FAQs und Chat-Funktionen
- **Regulierung:** Viele CEXs halten sich an staatliche Vorgaben und bieten Versicherungsschutz

Nachteile:

- **Zentralisierte Kontrolle:** Sie haben keine Kontrolle über Ihre Private Keys; die Vermögenswerte liegen auf den Servern der Börse. Ihr Geld wird von der Plattform verwaltet, was Vertrauen in deren Sicherheitsmaßnahmen erfordert.
- **Sicherheitsrisiken:** CEXs sind häufig Ziel von Hackerangriffen. Bekannte Börsen setzen jedoch auf umfassende Sicherheitsmaßnahmen.
- **Regulatorische Einschränkungen:** Manche Börsen unterliegen

regionalen Beschränkungen und verlangen KYC-Identitätsprüfungen

Hier ist ein Diagramm zum Geldfluss, wenn Sie über eine zentralisierte Börse in Krypto investieren:

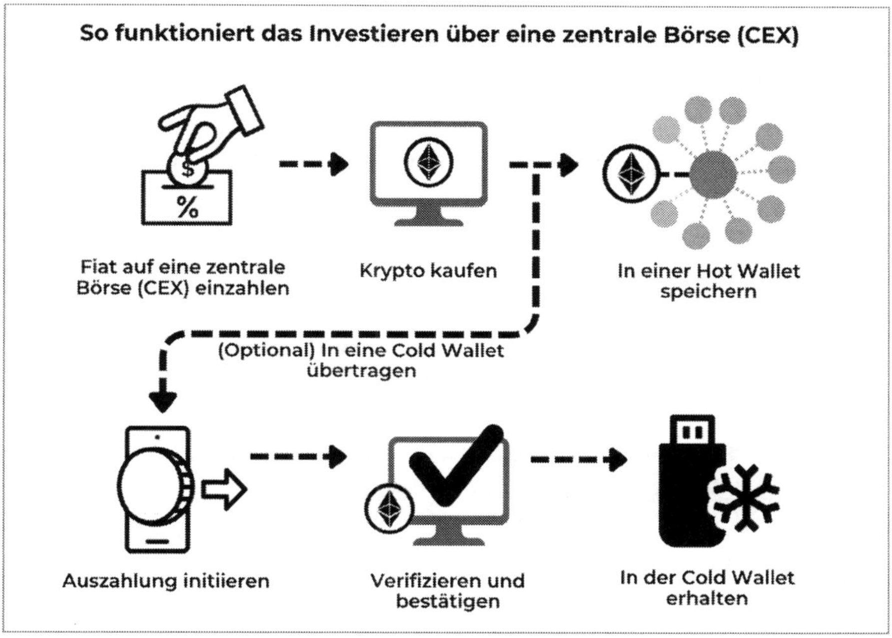

Beliebte CEXs:

- **Binance:** Bietet eine breite Auswahl an Kryptowährungen, erweiterte Handelsfunktionen und mit Binance Lite eine vereinfachte Oberfläche für Einsteiger
- **Coinbase:** Bekannt für hohe Sicherheitsstandards, eine besonders einfache Benutzeroberfläche und hochwertige Bildungsressourcen
- **Kraken:** Eine angesehene Plattform mit starker Sicherheit und umfangreicher Münzunterstützung

Dezentrale Exchanges

Wir haben in Kapitel 2 über DeFi und in Kapitel 3 über Uniswap bereits dezentrale Tauschbörsen angesprochen, möchten hier aber nochmals genauer darauf eingehen. Dezentrale Börsen kommen ohne zentrale Autorität aus. Nutzer handeln Kryptowährungen direkt (peer-to-peer) aus externen Hot Wallets wie MetaMask. Im Gegensatz zu CEXs speichern DEXs weder Ihr Geld noch Ihre persönlichen Daten – das sorgt für mehr Sicherheit und Privatsphäre.

Allerdings unterstützen DEXs nur Vermögenswerte auf derselben Blockchain. Uniswap zum Beispiel verarbeitet ausschließlich Ethereum-basierte Token (ERC-20), während PancakeSwap auf Binance Smart Chain Token (BEP-20) beschränkt ist. Tokens, die nicht nativ auf der jeweiligen Blockchain existieren, können ohne eine sogenannte Cross-Chain-Bridge nicht dort gehandelt werden.

Vorteile:

- **Volle Kontrolle:** Sie behalten die Kontrolle über Ihre Private Keys.
- **Datenschutz und Anonymität:** Die meisten DEXs erfordern keine Identitätsverifizierung
- **Keine zentralen Risiken:** Da keine zentrale Stelle involviert ist, sind Hacks und behördliche Abschaltungen weniger wahrscheinlich

Nachteile:

- **Geringere Liquidität:** Einige DEXs haben weniger aktive Nutzer, was zu stärkeren Kursschwankungen führen kann
- **Fehlende Fiat On-Ramps:** Sie müssen bereits Kryptowährung besitzen, um auf DEXs handeln zu können
- **Begrenzte Auswahl an Vermögenswerten:** DEXs unterstützen nur Tokens auf ihrer eigenen Blockchain. Kettenübergreifender Handel erfordert zusätzliche Brücken – das ist technisch komplexer und risikobehaftet
- **Weniger einsteigerfreundlich:** Die Nutzung erfordert technisches Verständnis. DEXs verlangen die Verwaltung Private Key und Interaktion mit Smart Contracts. Häufig sind mehrere Schritte nötig: Verbindung mit einer Wallet, Festlegung der Slippage-Toleranz und manuelle Genehmigung von Transaktionen. Uniswap

und PancakeSwap arbeiten jedoch daran, diese Prozesse zu vereinfachen

Hier ist ein Diagramm zum Geldfluss, wenn Sie über eine dezentrale Börse in Krypto investieren:

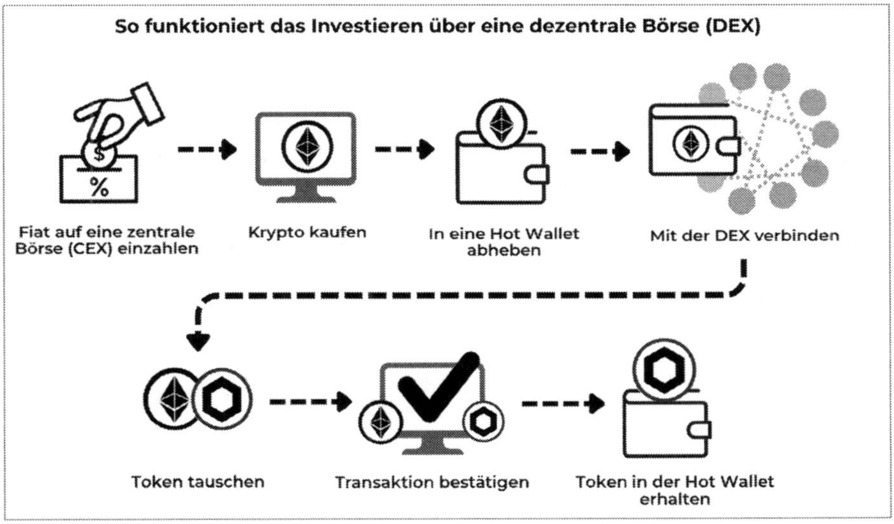

Beliebte DEXs:

- **Uniswap:** Eine der größten Ethereum-basierten DEXs für Token-Swaps
- **PancakeSwap:** Eine DEX auf der Binance Smart Chain mit niedrigen Gebühren und schnellen Transaktionen
- **dYdX:** Entwickelt sich mit seiner neuen Version v4 von einem halbdezentralen Modell zu einer vollständig dezentralen Börse; bietet Derivate- und Margin-Handel auf einer eigenen, Cosmos-basierten Kette

Hybride Exchanges

Hybride Exchanges kombinieren Funktionen zentraler und dezentraler Exchanges. Viele bieten einen nicht-verwahrten Handel an, bei dem Sie die Kontrolle über Ihre Private Keys behalten, aber gleichzeitig ein zentrales

Orderbuch für schnelleren Handel und bessere Liquidität nutzen. So erhalten Sie CEX-ähnliche Geschwindigkeit und Bequemlichkeit bei höherer Sicherheit als bei traditionellen Exchanges.

Vorteile:

- **Teilweise Kontrolle über die Mittel:** Bei einigen hybriden Exchanges verwalten Sie die Private Keys selbst, während andere einen Teil der Gelder treuhänderisch verwahren.
- **Benutzerfreundliche Oberfläche:** Intuitivere Bedienung als viele DEXs, bei gleichzeitiger Beibehaltung einiger dezentraler Funktionen.
- **Bessere Liquidität als DEXs:** Nutzen Orderbuchmodelle oder zentralisiertes Matching für schnelle Abschlüsse – mit besserer Sicherheit als bei CEXs.

Nachteile:

- **Nicht vollständig dezentralisiert:** Manche hybriden Börsen verwahren dennoch Nutzervermögen oder setzen zentralisierte Infrastruktur ein.
- **Begrenzte Akzeptanz und Liquiditätsrisiken:** Da hybride Börsen weniger verbreitet sind als CEXs oder DEXs, können Liquidität und verfügbare Handelspaare eingeschränkt sein.
- **Potenzielle regulatorische Herausforderungen:** Hybride Modelle könnten Unsicherheiten mit sich bringen, da sie sowohl CEX- als auch DEX-Vorschriften betreffen.

Beispiel: Rhino.fi (ehemals DeversiFi): Bietet datenschutzfreundlichen Handel auf Ethereum mit schnellen Transaktionen

Einsteigerfreundliche Krypto-Börsen

Für Krypto-Neulinge bieten diese Börsen einfache Benutzeroberflächen, Bildungsressourcen und ein hohes Maß an Sicherheit:

- **Coinbase:** Ideal für Anfänger dank intuitiver Plattform und klarer Einhaltung regulatorischer Vorgaben

- **Binance:** Bietet mit Binance Lite einen einfachen Einstieg in den Handel sowie umfangreiche Lernmaterialien
- **Kraken:** Bekannt für starke Sicherheitsstandards und breite Münzunterstützung – ideal für alle, die über das Einsteigerniveau hinausgehen möchten

All diese Plattformen sind zentralisierte Börsen, da sie eine deutlich flachere Lernkurve bieten. Jede Plattform erfüllt unterschiedliche Bedürfnisse – berücksichtigen Sie daher Ihre Prioritäten (Sicherheit, Benutzerfreundlichkeit, Gebühren oder verfügbare Kryptowährungen) bei der Auswahl einer Börse.

Zu berücksichtigende Schlüsselfaktoren und Merkmale

Neben der Wahl zwischen CEX, DEX oder einer hybriden Börse sollten Sie folgende Faktoren mit in Ihre Entscheidung einbeziehen:

Reputation und Sicherheit: Recherchieren Sie den Hintergrund der Börse, Nutzerbewertungen und eventuelle Sicherheitsvorfälle. Achten Sie auf starke Verschlüsselung, Zwei-Faktor-Authentifizierung und ob Versicherungspolicen zum Schutz der Nutzergelder angeboten werden.

Unterstützte Kryptowährungen und Handelspaare: Prüfen Sie, ob die Börse die Coins anbietet, die Sie kaufen, verkaufen oder handeln möchten. Manche Plattformen führen nur große Coins wie BTC und ETH, während andere hunderte Altcoins listen. Binance bietet über 600 Coins – aber mehr Auswahl ist nicht automatisch besser, vor allem nicht für Einsteiger.

Gebühren und Transaktionskosten: Vergleichen Sie Handels-, Einzahlungs- und Auszahlungsgebühren. Manche Börsen nutzen Maker-Taker-Strukturen mit Rabatten für Händler mit hohem Volumen.

Liquidität und Markttiefe: Hohe Liquidität bedeutet schnellere Ausführung und geringere Kursschwankungen. Niedrige Liquidität kann zu Slippage und größeren Spreads führen.

Benutzerfreundlichkeit und mobiler Zugang: Achten Sie auf eine intuitive Oberfläche und – falls Sie unterwegs handeln – auf eine leistungsfähige mobile App.

Regulierung und Einhaltung: Einige Börsen erfordern eine KYC-Verifizierung, andere erlauben anonymen Handel. Prüfen Sie, ob die Plattform in Ihrem Land legal tätig ist, um Einschränkungen zu vermeiden.

Wallet-Integration und Verwahrungsdienste: Überlegen Sie, ob die Börse integrierte Wallets bietet oder eine externe Wallet-Anbindung benötigt. Manche Plattformen bieten verwahrte Wallets an, andere setzen auf Selbstverwahrung.

Sicherheitsfunktionen von Krypto-Börsen und bewährte Praktiken

Die Sicherheit ist einer der wichtigsten Faktoren bei der Auswahl einer Kryptowährungsbörse. Da Milliarden von digitalen Vermögenswerten über diese Plattformen fließen, müssen starke Sicherheitsmaßnahmen die Gelder der Nutzer vor Cyberbedrohungen, Betrug und Börsenausfällen schützen. Eine gut gesicherte Börse verwendet mehrere Schutzschichten, von der Sicherheit auf Kontoebene (zum Beispiel Zwei-Faktor-Authentifizierung) bis hin zu einem Kältespeicher institutioneller Qualität, der die meisten Vermögenswerte offline hält. Das Verständnis dieser Sicherheitsmerkmale hilft Ihnen, die Zuverlässigkeit einer Börse zu beurteilen und Ihre Investitionen zu schützen.

Wichtige Sicherheitsmerkmale, die ein Exchange aufweisen sollte

Zwei-Faktoren-Authentifizierung

Die Zwei-Faktor-Authentifizierung dient als erster Schutz gegen Hacker. Anstatt nur ein Passwort zu verwenden, erfordert 2FA einen zusätzlichen Überprüfungsschritt, wie zum Beispiel:

- Ein einmaliger Code, der per SMS oder E-Mail verschickt wird
- Eine Authentifizierungs-App wie Google Authenticator oder Authy
- Ein Hardware-Sicherheitsschlüssel (wie YubiKey) für maximalen Schutz

Vorteile:

- Verhindert unbefugten Zugriff, selbst wenn Ihr Passwort kompromittiert wird
- Schützt vor Phishing-Angriffen und Brute-Force-Anmeldeversuchen
- Erforderlich auf den meisten seriösen Börsen, einschließlich Binance, Kraken und Coinbase

Benachteiligungen:

- Abgesehen von den geringen Unannehmlichkeiten, die der Schutz Ihrer Identität mit sich bringt, hat 2FA keinerlei Nachteile

---

Bewährte Praxis: Aktivieren Sie immer 2FA für Ihr Konto bei einer Exchange und verwenden Sie, wenn möglich, eine Authentifizierungs-App oder einen Hardware-Sicherheitsschlüssel. SMS-basierte Authentifizierung kann Opfer von SIM-Swap-Angriffen werden.

Cold Storage

Suchen Sie nach einer Börse, die den Großteil ihrer Bestände in Cold Wallets speichert.

Vorteile:

- Verringert das Hacking-Risiko, da die meisten Anlagen nicht über das Internet zugänglich sind
- Verhindert, dass groß angelegte Verstöße gegen die Börsenordnung alle Gelder der Nutzer betreffen
- Viele Top-Börsen, darunter Binance, Kraken und Coinbase, speichern über 90 Prozent der digitalen Vermögenswerte in Cold Wallets

Beispiel: Im Jahr 2019 kam es bei Binance zu einer Sicherheitsverletzung, bei der 7.000 BTC (etwa 40 Millionen US-Dollar) verloren gingen. Da die meisten Gelder jedoch im Kältespeicher verblieben, waren die Nutzer nicht betroffen, und Binance erstattete die Verluste über seinen Secure Asset Fund for Users (SAFU).

Multi-Signatur-Wallets

Multi-Signatur-Wallets (Multi-Sig) benötigen mehrere Genehmigungen, bevor eine Transaktion ausgeführt werden kann. Die meisten Standard-Wallets benötigen nur einen einzigen Private Key, um Gelder zu übertragen. Multi-Sig-Wallets verlangen zwei oder mehr Unterschriften von bestimmten Parteien.

Vorteile:

- Verhindert einen Single Point of Failure, da keine Person allein Geld bewegen kann
- Bietet zusätzliche Sicherheit für große Transaktionen und institutionelle Fonds
- Hilft, Risiken durch Insider-Bedrohungen oder kompromittierte Schlüssel zu verringern

Viele Krypto-Hedge-Fonds und große Investmentfirmen verwenden Multi-Sig-Wallets, um Transaktionen von hohem Wert zu schützen. BitGo, ein Anbieter für die Verwahrung digitaler Vermögenswerte, implementiert Cold Wallets mit mehreren Signaturen, um die Sicherheit für institutionelle Kunden zu erhöhen.

Bewährte Praxis: Wenn Ihre Börse Multi-Sig-Sicherheit anbietet, sollten Sie diese nutzen, insbesondere bei großen Abhebungen.

Versicherungsschutz und Fondstrennung

Viele führende Börsen bieten Versicherungspolicen an, die die Gelder der Nutzer gegen Hackerangriffe, Betrug und Betriebsausfälle schützen. Darüber hinaus gewährleistet die Fondstrennung, dass:

- Das Vermögen der Nutzer wird von den Betriebsmitteln des Unternehmens getrennt gehalten
- Die Börsen dürfen Kundengelder nicht für eigene Ausgaben oder den Handel verwenden
- Im Falle einer Insolvenz ist es wahrscheinlicher, dass die Gelder der Nutzer zurückgefordert werden können

Beispiele:

- Coinbase verfügt über eine Versicherung gegen kriminelle Handlungen für digitale Vermögenswerte in seinen Hot Wallets. Diese deckt keine Verluste durch nutzerbedingte Verletzungen wie Phishing oder gestohlene Anmeldedaten ab
- Gemini Exchange ist bei Aon versichert, was einen zusätzlichen Schutz für die Nutzer bedeutet

---

Bewährte Praxis: Prüfen Sie, ob eine Börse eine Versicherung anbietet und wie sie die Gelder der Nutzer bei finanziellen Schwierigkeiten verwaltet.

Transparenz und Sicherheitsprüfungen

Seriöse Börsen testen laufend Schwachstellen und verbessern die Abwehrmaßnahmen durch Sicherheitsaudits. Transparente Plattformen

- veröffentlichen Prüfberichte, in denen sie detailliert darlegen, wie sie die Mittel sichern
- führen Systeme zum Nachweis von Reserven ein, die zeigen, dass sie genügend Vermögenswerte halten, um die Guthaben der Kunden zu decken
- legen detaillierte Aufzeichnungen über frühere Verstöße und Verbesserungen vor

Bewährte Praxis: Wählen Sie eine Börse, die ihre Sicherheitspraktiken, Audits und Fondsverwaltungsrichtlinien öffentlich bekannt gibt.

Frühere Exchange Hacks

Zu den bemerkenswerten Verstößen gegen die Börse gehören:

Der Zusammenbruch von Mt. Gox (2014)

Der größte Bitcoin-Hack der Geschichte. Mt. Gox, einst die größte Bitcoin-Börse, verlor aufgrund von Sicherheitsmängeln 850.000 BTC (damals im Wert von 450 Millionen Dollar). Unzureichende interne Kontrollen und fehlende kalte Lagerung machten die Gelder anfällig für langfristige, unbemerkte Diebstähle. Die Börse brach zusammen, und Tausende von Nutzern hatten keine Möglichkeit, ihre Gelder zurückzuerhalten.

Der Bitfinex-Hack (2016)

Multi-Signatur Exploit. Hacker nutzten eine Schwachstelle in der Multi-Signatur-Wallet-Implementierung von Bitfinex mit BitGo aus, was zum Verlust von 120.000 BTC führte.

Der Coincheck-Hack (2018)

530 Millionen Dollar gestohlen. Coincheck hat aufgrund unzureichender Sicherheitsmaßnahmen 523 Millionen NEM-Tokens verloren. Im Gegensatz zu anderen großen Börsen speicherte Coincheck große Mengen an Geldern in Hot Wallets. Sie waren ein leichtes Ziel.

Wie Sie sich bei der Nutzung einer Börse schützen können

Befolgen Sie diese bewährten Verfahren, um Ihre Investitionen zu schützen:

- **Aktivieren Sie die Zwei-Faktoren-Authentifizierung:** Genau wie beim Schutz der Private Keys sollten Sie für die Anmeldung, Abhebungen und Kontoänderungen immer 2FA aktivieren.
- **Verwenden Sie sichere Passwörter:** Vermeiden Sie die Wiederverwendung von Passwörtern für mehrere Plattformen

- **Ziehen Sie langfristige Bestände in eine Cold Wallet ab:** Lassen Sie keine großen Mengen an Kryptowährungen an einer Börse. Bewahren Sie sie stattdessen in einer Hardware-Wallet auf, wie wir sie in Kapitel 4 besprochen haben. Prüfen Sie, ob die Börse, die Sie benutzen, Kryptowährungen in Cold Wallets mit mehreren Signaturen speichert. Dies sollte eine öffentliche Information sein
- **Überprüfen Sie Abhebungsadressen:** Überprüfen Sie immer die Adressen, bevor Sie Geld senden
- **Überwachen Sie die Kontoaktivitäten:** Überprüfen Sie regelmäßig Anmeldeversuche und Transaktionen auf verdächtige Aktivitäten

Fazit

Nun, da Sie die verschiedenen Arten von Börsen kennen und wissen, wie Sie sich absichern können, haben Sie alles, was Sie wissen müssen, um Ihre erste Investition zu tätigen. Die Realität ist, dass Sie mit zunehmender Erfahrung als Anleger mehrere Börsen nutzen können. Viele Anleger nutzen eine zentrale Börse, um populärere Kryptoangebote zu kaufen, und verwenden dann DEXs, um unbekanntere Coins und Token zu finden. Wählen Sie eine Börse, richten Sie Ihr Konto ein und kaufen Sie vielleicht sogar ein paar Kryptowährungen. Im nächsten Kapitel gehen wir auf intelligente Anlagestrategien ein, mit denen Sie Ihr Krypto-Portfolio sicher aufbauen können.

6 EINEN FAHRPLAN ERSTELLEN: INVESTMENTSTRATEGIEN FÜR ANFÄNGER

Ich erinnere mich noch an den Anfang Mai 2021. Bitcoin erreichte 63.000 $ (was damals eine Menge war). Ethereum kletterte über 3.600 $ auf dem Weg zu über 3.900 $. Es war aufregend. Ich war auch neu in der Krypto-Branche und ziemlich naiv.

Also stürzte ich mich hinein. Ganz rein. Mit Geld, das ich mir nicht leisten konnte zu verlieren. Ich kaufte in der Nähe des absoluten Höchststandes und flippte dann kurz danach aus.

Bitcoin stürzte innerhalb weniger Tage um 50 % ab. Ethereum stürzte ab. Die Altcoins, die ich gekauft hatte, fielen in den Keller. Jeden Morgen drehte sich mir der Magen um, als ich mein Portfolio überprüfte. Innerhalb weniger Wochen hatte ich über 10.000 Dollar verloren. Wahre Geschichte.

Warum ist das passiert? Ganz einfach: Ich hatte keinen Plan. Keine Strategie. Keine Regeln. Nur rohe Emotionen und die verzweifelte Angst, etwas zu verpassen. Ich wollte finanzielle Freiheit, weil mir jemand sagte, dass dies der richtige Weg sei.

Ich habe den Anstieg gekauft. Dann habe ich in Panik verkauft, wenn der Markt fiel. Ich hatte keine Ahnung, was ich da tat. Ich habe Positionen gehebelt, die ich nicht verstand. Jede Entscheidung machte in dem Moment absolut Sinn, entweder aus Gier oder aus Angst.

Wenn ich zurückblicke, erkenne ich das Muster von jemandem, der zockt und nicht investiert. Diese schmerzhafte Erfahrung lehrte mich die wertvollste Lektion in Sachen Geldanlage: Ohne einen konkreten Plan ist es nur ein Glücksspiel mit ausgefallenerer Terminologie.

Viele Anfänger machen genau diesen Fehler. Sie reagieren auf Marktbewegungen, anstatt eine durchdachte Strategie zu verfolgen. Sie kaufen, weil die Preise steigen, und verkaufen, weil die Preise fallen. Jede Entscheidung wird von Emotionen gesteuert.

Ein guter Plan ist wie ein Sicherheitsgurt. Man hofft, ihn nie zu brauchen, aber wenn es ruckelt, schützt er einen.

Ein solider Investitionsplan funktioniert anders. Er setzt klare Ziele und Zeitrahmen. Er legt die Risikotoleranz fest. Er schafft Regeln für Ein- und Ausstiege. Er nimmt Emotionen vollständig aus der Gleichung heraus. Er schafft Leitplanken, die Sie in den aufregendsten und unruhigsten Zeiten schützen.

Klingt trocken? Dann stellen Sie sich Folgendes vor:

Wenn Sie eine Autoreise machen würden, würden Sie nicht einfach losfahren und hoffen, dass Sie Ihr Ziel irgendwann erreichen. Sie würden die Route planen. Hotels buchen. Das Wetter prüfen.

In diesem Kapitel erstellen wir Ihren Investitionsfahrplan. Wir werden Regeln aufstellen, die speziell auf Sie zugeschnitten sind: Ihre Ziele, Ihr Zeitplan und Ihre Risikobereitschaft. Wir werden Strategien entwickeln, die sowohl Bullen- als auch Bärenmärkte überstehen.

Der Markt wird immer auf und ab gehen. Nachrichten werden immer für vorübergehende Panik oder Euphorie sorgen. Aber mit einem soliden Plan werden diese Bewegungen zu Hintergrundgeräuschen und nicht zu lebensverändernden Ereignissen.

Wie man große Investitionsziele setzt

Trotz meiner persönlichen Horrorgeschichte kann das Investieren in Kryptowährungen eine spannende Reise sein. Ihre muss aber nicht dieselbe Wendung nehmen wie meine.

Wenn Sie sich etwas Zeit nehmen, um Ihre finanziellen Möglichkeiten, Ihre Risikotoleranz und Ihre persönlichen Ziele in Ruhe zu reflektieren, sind Sie bereits auf dem besten Weg zu einem Investitionsplan, der zu Ihrem Leben passt, sowohl in langfristiger als auch in kurzfristiger Hinsicht. Gehen wir es gemeinsam an.

Schritt 1: Bestimmen Sie Ihre finanzielle Leistungsfähigkeit und Risikotoleranz

Bevor Sie alles auf DOGE setzen, werfen Sie bitte einen ehrlichen Blick auf Ihre aktuelle finanzielle Lage. Krypto-Märkte schwanken stark, manchmal innerhalb weniger Minuten. Eben noch scheint alles ruhig. Eine halbe Stunde später rauscht der Markt um 10 % in den Keller. Wenn Sie nachts ruhig schlafen wollen, brauchen Sie eine Strategie, die auch in stürmischen Zeiten funktioniert.

Wie Sie Ihre finanzielle Situation einschätzen können:

1. **Berechnen Sie Ihr verfügbares Einkommen:** Wie viel bleibt am Monatsende übrig, nachdem Fixkosten, Lebensmittel und Sparziele abgezogen sind?
2. **Berücksichtigen Sie andere Ziele:** Haben Sie einen Notgroschen von drei Monatsgehältern? Sparen Sie für eine Reise, ein Eigenheim oder möchten Sie breiter investieren als nur in Krypto? Solche Fragen beeinflussen, wie viel Kapital Sie sinnvoll einsetzen können.
3. **Legen Sie ein Investitionsbudget fest:** Investieren Sie nur, was Sie im Notfall verlieren könnten. Starten Sie klein, sammeln Sie Erfahrung und steigern Sie Ihre Investitionen erst mit wachsendem Vertrauen.
4. **Verstehen Sie Ihre Risikobereitschaft:** Was wäre, wenn Ihr Portfolio morgen 30 % weniger wert wäre? Könnten Sie gelassen

bleiben oder würden Sie in Panik verkaufen? Ihre Antwort darauf bestimmt, wie mutig Ihre Strategie sein darf.

Schritt 2: Definieren Sie Ihre Krypto-Investitionsziele

Sobald Sie wissen, wie viel Geld Sie investieren können und welche Art von Krypto-Investitionen zu Ihrer Risikotoleranz passt, geht es darum, klare, strukturierte Ziele zu setzen. Der SMART-Rahmen ist eine bewährte Methode, um realistische und umsetzbare Finanzziele zu definieren.

SMART steht für:

- **Spezifisch:** Was genau möchten Sie erreichen?
- **Messbar:** Woran erkennen Sie Ihren Fortschritt?
- **Erreichbar:** Passt das Ziel zu Ihrer Realität?
- **Relevant:** Ist es wirklich das, was Sie wollen?
- **Zeitgebunden:** Bis wann soll es soweit sein?

Ein Beispiel: Statt *„Ich will in Krypto investieren“, sagen Sie: „Ich möchte in zwei Jahren ein Krypto-Portfolio im Wert von 20.000 Dollar aufbauen.“*

Dieses Ziel ist spezifisch, messbar, erreichbar, relevant und zeitlich definiert. Dadurch wird es leichter, Fortschritte zu verfolgen und bei Bedarf anzupassen.

Ich rate ausdrücklich davon ab, Ziele zu setzen, die auf eine bestimmte Rendite abzielen, da die Finanzmärkte unberechenbar sind.

Das obige Beispiel ist zwar ergebnisorientiert, aber ein Ziel, das sich auf den Portfoliowert bezieht, lässt viele Wege zur Zielerreichung offen, sofern es realistisch ist. Setzen Sie sich nicht das Ziel, in zwei Jahren ein 20.000-Dollar-Portfolio aufzubauen, wenn Sie nur 1.000 Dollar investieren können. Die Gefahr, sich von den Märkten mitreißen zu lassen und impulsiv Entscheidungen zu treffen, ist größer als die Wahrscheinlichkeit, Ihr Ziel auf diesem Weg zu erreichen. Wer mit 1.000 Dollar beginnt, wird in zwei Jahren kaum auf 20.000 kommen. Es sei denn, er geht große Risiken ein. Und das kann schnell nach hinten losgehen.

Stattdessen empfehle ich ein prozessorientiertes Ziel, das auf umsetzbaren Maßnahmen basiert. Zum Beispiel: jeden Monat einen festen Betrag investieren, langfristig diversifizieren und dabei ruhig bleiben. So behalten Sie die Kontrolle, handeln strukturiert und lassen sich nicht von kurzfristigen Kurssprüngen verrückt machen.

Da Finanzmärkte grundsätzlich unvorhersehbar sind und von vielen externen Faktoren beeinflusst werden, ist das Setzen eines renditebasierten Ziels in einem bestimmten Zeitraum oft nicht realistisch.

Selbst wenn Sie alles richtig machen, kann es dauern. Das heißt nicht, dass Sie falsch liegen. Es bedeutet lediglich, dass der Markt gerade anders tickt.

Am Ende hängt alles von Ihren Zielen und Ihrer Persönlichkeit ab. Verrückte Ziele können riesige Gewinne bringen. Sie können aber auch große Verluste verursachen. Das kann 200 % Gewinn oder 90 % Verlust bedeuten – und beides ist möglich, je nachdem, wie Sie investieren.

Typische Krypto-Ziele könnten sein:

- **Langfristig Vermögen aufbauen:** „Ich möchte, dass 20 % meines Rentenportfolios bis 2026 aus Kryptowährungen besteht."
- **Passives Einkommen generieren:** „Bis 2027 möchte ich monatlich 1.000 Dollar durch Krypto verdienen."
- **Sparen für etwas Persönliches:** „Zum 40. Geburtstag soll mein Portfolio 5.000 Dollar Gewinn abgeworfen haben."

Schritt 3: Planen Sie Ihre Meilensteine

Ein gutes Ziel allein reicht nicht. Jetzt kommt der Plan. Denken Sie rückwärts: Wenn ich in zwei Jahren dort sein will, was muss ich heute, nächsten Monat und in sechs Monaten tun?

Wer in kurzer Zeit viel erreichen will, braucht eine andere Strategie als jemand, der in Ruhe fürs Alter aufbaut. Wichtig ist, dass Sie Ihre Strategie regelmäßig hinterfragen und bei Bedarf anpassen.

Im nächsten Abschnitt schauen wir uns an, wie diese Strategien konkret aussehen können. Danach werden Sie klarer sehen, welche Wege am besten zu Ihnen passen.

Im Zentrum stehen zwei große Ansätze:

- **Langfristiges Investieren:** Kaufen und liegen lassen, in der Hoffnung auf langfristiges Wachstum.
- **Kurzfristiger Handel:** Aktives Ein- und Aussteigen, um Schwankungen auszunutzen.

Beide haben ihre Vorteile, aber auch ihre Tücken.

HODLing: Langfristiges Investieren

Der Begriff „HODL" stammt ursprünglich aus einem Beitrag im BitcoinTalk-Forum aus dem Jahr 2013. Damals schrieb ein Nutzer in angetrunkenem Zorn über die Volatilität von Bitcoin das Wort „hold" versehentlich als „HODL". Was als Tippfehler begann, entwickelte sich rasch zum Schlachtruf einer ganzen Bewegung und steht heute für die Philosophie des „Holding On for Dear Life".

HODLing hat sich inzwischen als ernstzunehmende Strategie für langfristige Investitionen etabliert. Dieser Ansatz ermutigt Anleger, kurzfristige Marktschwankungen zu ignorieren und ihre Positionen selbst bei Turbulenzen beizubehalten.

Im Kern geht es beim HODLing darum, langfristig an das Potenzial von Krypto-Assets zu glauben. Diese Strategie eignet sich besonders für Anleger, die mit ihren Mitteln mittel- bis langfristige Ziele oder die Altersvorsorge verfolgen. Wenn Sie hingegen Kapital investieren möchten, das Sie innerhalb der nächsten fünf Jahre benötigen, ist HODLing wahrscheinlich nicht die richtige Wahl für Sie.

Grundprinzipien des HODLing

- **Langfristige Perspektive:** Richten Sie Ihren Fokus auf Wachstum über mehrere Jahre statt auf tägliche Kursschwankungen.
- **Emotionale Disziplin:** Vermeiden Sie panikgetriebene Verkäufe bei Markttiefs.
- **Glaube an das Wesentliche:** Die Devise lautet „Qualität kaufen". Investieren Sie in Kryptowährungen mit starken

Anwendungsfällen, technologischer Innovation und hohem Akzeptanzpotenzial.
- **Minimierung von Stress:** Kurzfristige Marktbewegungen erfordern keine ständige Beobachtung oder Reaktion.

Die Unvorhersehbarkeit der Märkte kann Stress und Unsicherheiten auslösen. Die HODL-Strategie hilft Anlegern, ruhig zu bleiben, indem sie den Fokus auf langfristige Ziele statt auf kurzfristige Preisschwankungen legt.

Warum sollte man sich für langfristige Investitionen entscheiden?

- **Reduziert FOMO:** Investoren fühlen sich oft getrieben, bei steigenden Kursen einzusteigen. HODLer konzentrieren sich auf langfristige Rendite statt darauf, kurzfristigen Trends hinterherzulaufen.
- **Vermeidet Panikverkäufe:** Emotionale Reaktionen auf Marktstürze können dazu führen, zu ungünstigen Zeitpunkten zu verkaufen und Erholungen zu verpassen. HODLer vertrauen ihren Investitionen und überstehen Abschwünge.
- **Profitiert vom langfristigen Wachstum:** Über längere Zeiträume hinweg überwiegen oft Kurssteigerungen die kurzfristigen Schwankungen.
- **Erfordert wenig Zeitaufwand:** Ideal für Personen mit einem vollen Terminkalender, die einen passiven Anlageansatz bevorzugen.

Fallstudien: Bitcoin- und Ethereum-HODL-Erfolg

Bitcoin (BTC): Die ultimative HODL-Anlage

- Anfang 2010 lag der Preis bei wenigen Cent und überschritt im Februar 2011 erstmals die 1-Dollar-Marke.
- Im Dezember 2017 erreichte BTC fast 20.000 US-Dollar, 2021 überschritt er die 60.000 US-Dollar-Marke.
- Im Januar 2025 lag der BTC-Kurs bei 109.000 US-Dollar.

- Anleger, die frühzeitig HODLed haben, erzielten beachtliche Rendite.

Ethereum (ETH): Geduld zahlt sich aus

- ETH wurde im Juli 2015 eingeführt und zunächst für 0,30 bis 0,75 US-Dollar gehandelt.
- 2021 erreichte ETH ein Allzeithoch von 4.800 US-Dollar.
- Anfang 2025 liegt der Kurs bei rund 2.000 US-Dollar.
- Trotz des Rückgangs vom Allzeithoch haben Anleger, die an die Smart-Contract-Technologie von Ethereum und das Wachstum seines Ökosystems geglaubt haben, seit 2015 beeindruckende Gewinne erzielt.

Wie man eine HODL-Strategie effektiv umsetzt

Die Umsetzung einer HODL-Strategie erfordert Planung und Disziplin.

Schritt 1: Langfristige Investitionsziele setzen

Definieren Sie Ihre Beweggründe für Krypto-Investitionen (z. B. Ruhestand, Vermögensaufbau, finanzielle Unabhängigkeit). Dies haben Sie wahrscheinlich bereits getan. Setzen Sie realistische Erwartungen. Kurzfristige Schwankungen sind normal, langfristig zeigt sich jedoch häufig ein positiver Trend.

Schritt 2: Kryptowährungen mit starken Fundamentaldaten auswählen

Recherchieren Sie Projekte mit realen Anwendungsfällen (z. B. ADA, LINK, SOL), engagierten Entwicklerteams und klarem Zukunftspotenzial. Weitere Informationen zur Fundamentalanalyse finden Sie in Kapitel 8.

Schritt 3: Sinnvolle Mittelzuweisung

Investieren Sie nur Beträge, die Sie mindestens fünf Jahre lang nicht benötigen. Ziehen Sie ein diversifiziertes Portfolio aus Blue-Chip-Kryptowährungen (Bitcoin, Ethereum) und ausgewählten Altcoins in Betracht.

Schritt 4: Ablenkungen ausblenden

Lassen Sie sich nicht von FUD (Fear, Uncertainty, Doubt) in den Medien oder von kurzfristigen Kursstürzen beunruhigen. Vertrauen Sie Ihrer Recherche und halten Sie an Ihrer langfristigen Überzeugung fest.

Schritt 5: Regelmäßige Überprüfung der Strategie

Überprüfen Sie Ihr Portfolio einmal im Jahr. Passen Sie Ihre Bestände an, wenn sich die Fundamentaldaten ändern, nicht aus kurzfristiger Panik.

Auch bei einer klaren Strategie lohnt es sich, gelegentlich über den richtigen Zeitpunkt für einen Ausstieg nachzudenken.

Wann eine HODL-Position beendet werden sollte

Auch wenn HODLing auf Langfristigkeit ausgerichtet ist, gibt es Situationen, in denen ein Ausstieg durchaus gerechtfertigt sein kann. Zum Beispiel dann, wenn sich die fundamentalen Rahmenbedingungen eines Projekts verschlechtern – etwa, weil es nach Jahren keinen nennenswerten Marktanteil erzielt oder regulatorisch zunehmend unter Druck gerät.

Ein weiterer legitimer Grund kann die Neugewichtung des eigenen Portfolios sein. Vielleicht möchten Sie Gewinne sichern oder Ihre Diversifikation verbessern, weil sich Ihre Ziele geändert haben oder Sie neue Chancen erkennen.

Und schließlich gibt es natürlich auch ganz persönliche Gründe: Wenn Sie kurzfristig liquide Mittel benötigen, etwa wegen einer unerwarteten Ausgabe oder größeren Anschaffung, kann ein strategischer Teilverkauf sinnvoll sein. Die steuerlichen Implikationen solcher Entscheidungen erläutern wir ausführlich in Kapitel 9.

Herausforderungen bei langfristigen Investitionen

Langfristiges Investieren ist keine Garantie für Erfolg. Es bringt auch eigene Herausforderungen mit sich. So kann es zu längeren Phasen mit starken Kursrückgängen kommen, in denen sich die Preise erst nach Monaten oder sogar Jahren wieder erholen. In solchen Momenten ist Geduld gefragt, was vielen Anlegern schwerfällt.

Außerdem bedeutet HODLing oft, dass man kurzfristige Gewinnchancen verpasst. Wer langfristig hält, setzt auf Stabilität, geht dabei aber das Risiko ein, in volatilen Phasen attraktive Einstiegs- oder Ausstiegsmöglichkeiten zu übersehen.

Nicht zuletzt besteht im dynamischen Krypto-Sektor immer das Risiko, dass einzelne Projekte technologisch überholt werden oder ganz an Relevanz verlieren. Der Markt entwickelt sich schnell, und was heute vielversprechend erscheint, kann morgen schon veraltet wirken. Deshalb ist es wichtig, auch bei einer HODL-Strategie regelmäßig zu reflektieren, ob die ursprünglichen Überzeugungen noch Bestand haben.

Kurzfristiger Handel: Chancen nutzen in einem unvorhersehbaren Markt

Beim kurzfristigen Handel werden häufig Käufe und Verkäufe getätigt, um von Kursschwankungen zu profitieren. Im Gegensatz zu langfristigen Investitionen erfordern kurzfristige Strategien ständige Marktbeobachtung, technische Analysefähigkeiten und schnelle Entscheidungen.

Warum kurzfristiger Handel?

Für viele Anleger ist der kurzfristige Handel deshalb attraktiv, weil er das Potenzial bietet, schnell Gewinne zu erzielen. Wer Kursschwankungen im Tages- oder Wochenverlauf geschickt nutzt, kann bereits mit kleinen Bewegungen beachtliche Erträge erwirtschaften. Darüber hinaus kann diese Art des Tradings eine Möglichkeit sein, sich gegen Marktabschwünge abzusichern. Gewinne aus kurzfristigen Positionen lassen sich gezielt einsetzen, um Verluste im langfristigen Portfolio auszugleichen. Und nicht zuletzt ist diese Strategie ideal für Menschen, die gerne aktiv am Marktgeschehen teilnehmen, Freude an der Analyse von Charts, Trends und Nachrichten haben und ständig auf der Suche nach neuen Chancen sind.

Herausforderungen des kurzfristigen Handels

So vielversprechend der kurzfristige Handel auch sein mag, er bringt eine Reihe von Herausforderungen mit sich. Der wohl größte Faktor ist der hohe Stresspegel. Diese Strategie erfordert ständige Aufmerksamkeit, schnelle Reaktionen und emotionale Kontrolle, was nicht jedem liegt. Hinzu kommen die oft unterschätzten Handelsgebühren. Wer häufig kauft und verkauft, muss genau auf Ein- und Ausstiegspreise achten, denn selbst kleine Kosten können sich summieren und die tatsächliche Rendite deutlich schmälern. Und schließlich ist das Risiko großer Verluste nicht zu unterschätzen. Ein einziger schlechter Zeitpunkt oder eine emotionale Fehlentscheidung reicht aus, um mühsam aufgebaute Gewinne wieder zunichtezumachen.

Beliebte kurzfristige Handelsstrategien

Trotz der Risiken gibt es verschiedene etablierte Ansätze für den kurzfristigen Handel, die jeweils unterschiedliche Ziele und Zeitrahmen bedienen.

- **Swing Trading:** Kauf von Kryptowährungen zu einem niedrigen Preis und Verkauf nach einigen Tagen oder Wochen bei Kursanstieg. Erfordert technische Analyse zur Erkennung von Trends und Zyklen.
- **Day Trading:** Kauf und Verkauf innerhalb eines Tages, um von untertägigen Kursschwankungen zu profitieren. Erfordert schnelle Ausführung, Marktverständnis und striktes Risikomanagement.
- **Scalping:** Mehrere Trades innerhalb von Minuten oder Stunden mit dem Ziel, kleine Gewinne aus Mikrobewegungen zu erzielen. Hochgradig technisch und eher für erfahrene Trader geeignet.

Ob eine dieser Strategien zu Ihnen passt, hängt davon ab, was Sie konkret erreichen möchten. Schauen wir uns an, welche Faktoren Ihre Entscheidung beeinflussen können.

Langfristig vs. Kurzfristig: Welche Krypto-Strategie passt zu Ihnen?

Ob Sie sich eher zum langfristigen Investieren oder zum kurzfristigen Handel hingezogen fühlen, hängt von mehreren persönlichen Faktoren ab. Dazu gehören Ihre Ziele, Ihr Zeitbudget, Ihre Risikobereitschaft und Ihre Erfahrung im Markt.

Investitionsziele

Wenn Sie Vermögen aufbauen, für die Rente vorsorgen oder möglichst passiv investieren möchten, passt ein langfristiger Ansatz gut zu Ihnen. Kurzfristige Strategien hingegen eignen sich für Anleger, die gezielt

Einkommen erzielen oder Marktbewegungen aktiv ausnutzen möchten, um schnelle Gewinne zu realisieren.

Zeitbudget

Langfristige Investments benötigen wenig tägliche Aufmerksamkeit. Es reicht aus, das Portfolio gelegentlich zu überprüfen. Beim kurzfristigen Handel sieht das anders aus. Hier ist es notwendig, den Markt regelmäßig zu beobachten, Nachrichten einzuordnen und rasch Entscheidungen zu treffen.

Risikotoleranz

Wer Schwankungen aushalten kann und eher vorsichtig agiert, ist mit langfristigem Investieren meist besser beraten. Wer dagegen bereit ist, höhere Risiken einzugehen, und in Stresssituationen ruhig bleiben kann, findet sich vielleicht eher im kurzfristigen Handel wieder.

Marktkenntnisse und Erfahrung

Für langfristige Strategien genügt oft ein solides Grundverständnis der Blockchain und der Krypto-Basics. Wer jedoch kurzfristig handeln möchte, sollte sich mit technischer Analyse, Chartmustern und einem konsequenten Risikomanagement vertraut machen.

Falls Sie noch unsicher sind, beginnen Sie am besten mit einer langfristigen Strategie. Sie können jederzeit in aktiven Handel einsteigen, wenn Sie sich sicherer fühlen.

Hybride Strategie: Langfristige und kurzfristige Investitionen kombinieren

Viele Anleger setzen auf eine Kombination beider Ansätze, um Erträge zu maximieren und gleichzeitig Risiken zu steuern. Eine hybride Strategie ermöglicht es, sowohl von langfristigen Marktzyklen als auch von kurzfristigen Chancen zu profitieren.

Wie man eine hybride Strategie umsetzt

Ein Beispiel für eine ausgewogene Aufteilung könnte so aussehen:

- **70 % langfristige Beteiligung (BTC, ETH, Large-Cap Coins):** Diese Basis sorgt für Stabilität und kontinuierliches Wachstum.
- **20 % Swing Trading (Mid-Cap Altcoins, Layer-1- und Layer-2-Lösungen):** Moderates Risiko mit Potenzial für attraktive Gewinne.
- **10 % spekulativ (NFTs, DeFi, Meme Coins):** Hohes Risiko, aber auch hohe potenzielle Rendite bei neuen Trends.

Diese Verteilung ist natürlich flexibel. Entscheidend ist, dass sie zu Ihrer Risikobereitschaft, Ihren Zielen und Ihrem Zeithorizont passt.

Überlegen Sie sich nun, welches Ziel Sie verfolgen. Welche Strategie passt zu Ihnen – HODL, aktiver Handel oder eine Mischung aus beidem?

Ein klarer Plan hilft Ihnen nicht nur, bessere Entscheidungen zu treffen, sondern auch in turbulenten Phasen einen kühlen Kopf zu bewahren.

Diversifizierung Ihres Kryptowährungsportfolios

Genauso wie Sie sich bei einem Buffet nicht auf eine einzige Speise beschränken würden, sollten Sie auch nicht Ihr gesamtes Kapital in eine einzige Kryptowährung investieren. Selbst Spitzenreiter wie Bitcoin und Ethereum können erheblichen Kursschwankungen unterliegen. Eine Diversifizierung Ihres Portfolios hilft, das Risiko zu reduzieren und die Rendite zu stabilisieren.

Fällt ein Vermögenswert, könnten andere steigen oder zumindest stabil bleiben. Ihre Diversifizierungsstrategie hängt davon ab, ob Sie langfristiger HODLer oder kurzfristiger Trader sind.

Warum Diversifizierung wichtig ist

Ein breit aufgestelltes Krypto-Portfolio kann Ihnen ermöglichen:

- **Verschiedene Wachstumschancen zu nutzen:** Indem Sie in unterschiedliche Arten von Krypto-Assets investieren, etwa DeFi-Token, Layer-1-Plattformen oder NFT-bezogene Coins, können Sie vom Wachstum verschiedener Marktsegmente profitieren.

- **Risiken über Marktzyklen hinweg zu managen:** Während einer Hausse schneiden Altcoins oft besser ab als Bitcoin (man spricht von einer „Altcoin-Saison"). In einer Baisse hingegen hält Bitcoin meist seinen Wert stabiler. Eine Mischung verschiedener Assets schützt Sie also in unterschiedlichen Marktphasen.

Kluge Investoren setzen nicht alles auf ein einziges Projekt, sondern bauen ein Portfolio mit einer ausgewogenen Kombination aus Stabilität, Innovationspotenzial und Wachstumsperspektive auf.

Wichtige Faktoren für die Diversifizierung

Bei der Auswahl von Kryptowährungen für Ihr Portfolio sollten Sie die einzelnen Vermögenswerte anhand folgender Kriterien bewerten:

1. **Marktkapitalisierung und Liquidität:** Die Marktkapitalisierung zeigt Größe und Stabilität einer Kryptowährung. Hohe Liquidität bedeutet, dass Assets problemlos gehandelt werden können, ohne den Preis stark zu beeinflussen.

2. **Anwendungsfälle und Branchenbezug:** Jede Kryptowährung hat eine bestimmte Funktion. Einige fokussieren sich auf Datenschutz, andere auf Finanzdienstleistungen, Gaming oder Infrastruktur. Prüfen Sie, welches Problem ein Projekt löst und ob seine Technologie einen klaren Vorteil bietet.

3. **Korrelation von Vermögenswerten:** Die Korrelation beschreibt, wie sich Kryptowährungen im Verhältnis zueinander verhalten. Bitcoin und Ethereum bewegen sich oft synchron, was bedeutet, dass sie das Risiko eines Rückgangs nicht vollständig abfedern können. Optimal ist ein Portfolio mit gering korrelierten Assets, die sich unabhängig voneinander entwickeln. Falls Krypto nur ein Teil eines größeren Portfolios mit traditionellen Anlagen wie Aktien und Anleihen ist, ist diese Korrelation möglicherweise weniger kritisch, da Kryptowährungen derzeit nur schwach mit traditionellen Märkten korrelieren.

Das Verständnis dieser Zusammenhänge ist entscheidend für ein ausgewogenes Krypto-Portfolio. Ebenso wichtig ist jedoch die Struktur Ihres Gesamtportfolios. Werfen wir einen Blick auf einige praktische Strategien zur Integration von Kryptowährungen in Ihren Investitionsplan.

Strategien zur Integration ins Portfolio

Indexfonds und Krypto-ETFs

Krypto-Indexprodukte, etwa von Bitwise oder Crypto20, bilden mehrere Kryptowährungen ab, sind aber bislang nicht breit über klassische Broker verfügbar.

Bitcoin-ETFs, sowohl Spot- als auch Futures-basiert, ermöglichen inzwischen regulierten Zugang zum Markt. Ethereum-Futures-ETFs sind erhältlich, ein US-amerikanischer Ethereum-Spot-ETF soll Anfang 2025 folgen.

Kern-Satelliten-Ansatz

- **Kern:** Traditionelle Anlagen wie Aktien, Anleihen und ETFs bilden die solide Basis Ihres Portfolios.
- **Satelliten:** Kryptowährungen ergänzen die Hauptbestandteile mit hohem Wachstumspotenzial, ohne die Gesamtstabilität wesentlich zu beeinträchtigen, da sie prozentual geringer gewichtet sind.

Dollar-Cost Averaging (DCA) in Krypto

DCA glättet die Kursschwankungen, indem regelmäßig ein fixer Betrag investiert wird, ähnlich wie 3 % vom Gehalt in die Altersvorsorge fließen. Sie kaufen bei steigenden ebenso wie bei fallenden Kursen. Das nimmt den Druck, den perfekten Zeitpunkt treffen zu müssen. Selbst ein Kauf am Allzeithoch relativiert sich mit der Zeit.

Ideal für Anleger, die akzeptieren, dass sich Märkte nicht zuverlässig timen lassen. Und ehrlich gesagt trifft das auf uns alle zu.

Drei Portfoliostile, die tatsächlich funktionieren

1. Das Gute-Nacht-Schlaf-Portfolio (geringes Risiko)

- 60 % Bitcoin
- 20 % Ethereum
- 20 % Stablecoins (USDT, USDC)

Für alle, die nachts ruhig schlafen möchten. Langfristig orientierte Anleger, die sich ohne Stress engagieren wollen.

2. Die Wachstumsmaschine (mittleres Risiko)

- 40 % Bitcoin
- 30 % Ethereum
- 20 % solide Altcoins (ADA, SOL, DOT)
- 10 % DeFi-Token (AAVE, UNI, LINK)

Für Anleger, die bereit sind, moderates Risiko für höhere Erträge einzugehen. Gut geeignet für mittelfristige Ziele oder jüngere Ruhestandssparer.

3. Das Moonshot-Portfolio (hohes Risiko)

- 50 % Blue Chips (BTC, ETH, BNB)
- 30 % Small-Cap Altcoins
- 20 % spekulative Vermögenswerte wie NFTs, Meme-Coins und Glücksspiel-Token, die sich vervielfachen oder wertlos werden können

Für Risikofreudige mit starkem Nervenkostüm. Das Krypto-Äquivalent zum Fallschirmsprung, ohne den Fallschirm ein zweites Mal zu überprüfen.

Marktzyklen nutzen, ohne Hellseher zu sein

Niemand kann die Märkte perfekt vorhersagen, aber man kann sich vorbereiten.

HODLer kaufen während der Baisse nach, statt in Panik zu verkaufen.

Trader nutzen Zyklusmuster, um Ein- und Ausstiege besser zu timen.

Neulinge studieren die Markthistorie, um emotionale Fehler zu vermeiden, die Geld kosten könnten.

Verwalten Sie Ihre Kryptowährung wie ein Profi

Diversifikation allein reicht nicht. Damit Ihr Portfolio auch in stürmischen Phasen stabil bleibt, sollten Sie es regelmäßig überprüfen und gegebenenfalls neu gewichten. Achten Sie darauf, nicht zu stark in riskante Assets zu driften, und investieren Sie nur einen kleinen Teil in hochspekulative Anlagen. Nutzen Sie Cold Wallets für Ihre langfristige Verwahrung und bleiben Sie informiert, ohne sich von Schlagzeilen oder sozialen Medien verrückt machen zu lassen.

Mit dem richtigen Mix aus Wissen und Strategie sind Sie bestens vorbereitet. Sehen wir uns an, wie Sie das praktisch umsetzen können.

Übung: Erstellen Sie Ihren persönlichen Krypto-Spielplan

Jetzt geht es darum, das Gelernte in die Praxis umzusetzen.

Schritt 1: Setzen Sie sich ein SMARTes Investitionsziel

Wählen Sie ein Ziel, das spezifisch, messbar, erreichbar, relevant und zeitgebunden ist.

Zu beantwortende Fragen:

- Wie viel werden Sie jeden Monat investieren?
- Auf welche Vermögenswerte werden Sie sich konzentrieren?
- Wie sieht Ihr Zeitplan zur Erreichung Ihres Ziels aus?

Beispiel: *„Ich werde monatlich 300 Dollar investieren: 50 % in BTC, 30 % in ETH und 20 % in Altcoins. Mein Portfolio wird alle sechs Monate überprüft."*

Schritt 2: Wählen Sie Ihren Anlagestil

Passen Sie Ihre Strategie an Ihre Persönlichkeit und Ihren Lebensstil an:

- Möchten Sie ein passiver Anleger oder ein aktiver Händler sein, oder eine Kombination aus beidem?
- Wie werden Sie auf Marktverwerfungen reagieren?

Beispiel: *„Ich setze auf Langfristigkeit, halte mindestens drei Jahre und konzentriere mich auf passives Einkommen.“*

Schritt 3: Erstellen Sie Ihren Diversifizierungsplan

Stellen Sie sicher, dass Ihre Kapitalaufteilung zu Ihren Zielen und Ihrem Risikoprofil passt.

- Ist Ihr Portfolio ausgewogen zwischen risikoreichen und stabilen Anlagen?
- Verstehen Sie die Risiken der einzelnen Investitionen?

Beispiel: *„Um ein Gleichgewicht zwischen Wachstum und Stabilität zu schaffen, werde ich 70 % in langfristig gehaltene Werte (BTC und ETH), 20 % in Altcoins und 10 % in Stablecoins investieren.“*

Schritt 4: Erstellen Sie Ihren Umsetzungsplan

Verwandeln Sie Ihre Strategie in einen konkreten Aktionsplan. Hier ein Beispiel für eine langfristige Vorgehensweise:

- **0-6 Monate:** Lernen, Trends verfolgen und kleine Testinvestitionen tätigen
- **6-12 Monate:** Konsequente Investitionen (z. B. 300 Dollar monatlich), Einsatz von Vermögenswerten und Leistungsüberwachung
- **1-3 Jahre:** Weiter diversifizieren, bei Bedarf Gewinne realisieren und Gewichtung anpassen
- **3+ Jahre:** Langfristige Beteiligungen halten, Gewinne entnehmen und strategisch reinvestieren

Schritt 5: Verpflichten Sie sich zu regelmäßiger Neubewertung

Legen Sie vierteljährliche oder halbjährliche Termine fest, um Ihre Ziele regelmäßig zu überprüfen und neu zu planen:

- Prüfen Sie Ihre Risikotoleranz und Ihre Zielsetzung
- Passen Sie Ihr Portfolio bei Bedarf an

- Nehmen Sie Gewinne mit oder investieren Sie je nach Marktlage erneut

Es kann sein, dass Sie feststellen, Ihr Ziel sei nicht so realistisch, oder dass Sie weniger risikofreudig sind, als Sie zunächst dachten. Vielleicht möchten Sie auch nicht die nötige Zeit und Energie investieren, um ein erfolgreicher kurzfristiger Investor zu werden. Das ist völlig in Ordnung – passen Sie Ihren Plan einfach an die Realität an.

Selbst mit einem soliden Plan tappen viele Anfänger in typische Fallen, die den Fortschritt behindern und zu teuren Fehlern führen können. Im nächsten Kapitel beleuchten wir die häufigsten Fehltritte beim Investieren und, was noch wichtiger ist, wie man sie vermeidet.

7 HÄUFIGE ANLEGERFEHLER UND BETRÜGEREIEN – UND WIE SIE SIE VERMEIDEN

Floyd Mayweather Jr. stand im Rampenlicht und strahlte mit seinem typischen Lächeln. Die Boxlegende hielt eine Centra Card hoch, eine elegante, metallene Debitkarte, die versprach, dass Nutzer ihre Kryptowährung überall ausgeben können. „Ich besitze persönlich Centra Token", prahlte Mayweather auf Instagram. „Ihr könnt mich von nun an Floyd 'Crypto' Mayweather nennen."

Das Jahr war 2017. Ein Jahr, in dem das Kryptogeld wie Wasser floss.

Hinter Centra Tech standen Sam Sharma, Ray Trapani und Robert Farkas. Drei Mittzwanziger ohne Finanz- oder Technologieerfahrung. Sie behaupteten, dass ihre Centra Card Kryptowährungen bei Einkäufen in jedem beliebigen Geschäft sofort in Bargeld umwandeln könne. Ihr ICO (Initial Coin Offering) brachte über 25 Millionen Dollar von eifrigen Investoren ein.

Aber es gab ein Problem. Ein großes Problem.

Die gesamte Operation war auf Lügen aufgebaut. Die auf ihrer Website aufgeführten Führungskräfte? Erfunden. Ihre angeblichen Partnerschaften mit Visa und Mastercard? Haben nie existiert. Ihre Lizenzen für den Betrieb in 38 US-Bundesstaaten? Reine Erfindung. Eine funktionierende Centra

Card? Gab es nicht. Die Mitbegründer erfanden sogar einen CEO namens „Michael Edwards" mit einem gestohlenen Foto und einer frei erfundenen Biografie, in der behauptet wurde, er verfüge über mehr als 20 Jahre Bankerfahrung. Das Bild von „Michael Edwards" auf der Centra-Tech-Website zeigte in Wahrheit einen College-Professor aus Kanada, der keinerlei Verbindung zu dem Unternehmen hatte.

Im April 2018 verhaftete das FBI Sharma und Farkas. Die SEC klagte sie wegen Betrugs an. Trapani einigte sich mit den Behörden und wurde nicht inhaftiert. Mayweather und DJ Khaled zahlten später hohe Geldstrafen, weil sie den Betrug beworben hatten, ohne offenzulegen, dass sie dafür bezahlt worden waren. Die Anleger verloren ihr Geld. Viele von ihnen sahen keinen Cent wieder.

Wenn Sie mehr über diesen Betrug erfahren möchten: Auf Netflix finden Sie den Dokumentarfilm *Bitconned*, der die Geschichte sehr detailliert erzählt.

Der Centra-Tech-Betrug macht eines deutlich: Prominente Befürwortungen bedeuten nichts. Auffälliges Marketing kann leere Versprechen überdecken. Und wenn etwas zu gut klingt, um wahr zu sein, ist es das in der Regel auch.

Es ist leicht zu denken: „Darauf würde ich nie hereinfallen." Doch Betrügereien wie die von Centra Tech waren keine simplen Internetabzocken. Sie waren gut durchdacht, überzeugend präsentiert und haben sogar erfahrene Anleger getäuscht. Und sie waren keineswegs ein Einzelfall.

Centra Tech war nicht das einzige Projekt, das Investoren ausnutzte. Der ICO-Boom von 2017 war ein regelrechter Goldrausch. Einige wurden reich, viele verloren alles. Um zu verstehen, warum das so war, sollten wir uns anschauen, wie ICOs funktionieren und weshalb sie damals so beliebt wurden.

Was sind ICOs und wie funktionieren sie?

Ein Initial Coin Offering (ICO) ist ein Fundraising-Mechanismus, den Blockchain-Startups nutzen, um vor dem offiziellen Start eines neuen Tokens oder einer Blockchain-Plattform Kapital zu beschaffen, ohne auf Banken oder Risikokapitalgeber angewiesen zu sein. Man kann es sich wie eine Art Kickstarter für Kryptowährungen vorstellen: Ein Team präsentiert eine Idee, Menschen investieren frühzeitig, und wenn das Projekt erfolgreich ist, profitieren diese Investoren finanziell. Doch wenn es scheitert – oder sich als Betrug entpuppt, was 2017 häufig vorkam – sind die Token am Ende wertlos.

Zwischen 2017 und 2018 wurden durch ICOs über 20 Milliarden Dollar eingenommen.

In dieser Zeit traten jedoch auch erhebliche Schwächen zutage:

1. Der Mangel an Regulierung

- Im Gegensatz zu traditionellen IPOs (Initial Public Offerings) fehlte es ICOs an staatlicher Aufsicht und Anlegerschutz.
- Dies ermöglichte es betrügerischen Projekten, ohne große Hürden zu starten. Sie versprachen unrealistische Renditen und legten selten Rechenschaft ab.

2. Die Mehrheit der ICOs ist gescheitert oder verschwunden

- Einer Analyse aus dem Jahr 2018 zufolge waren fast 80 Prozent der im Jahr 2017 gestarteten ICOs betrügerisch. Weitere 10 Prozent scheiterten innerhalb eines Jahres.
- Viele dieser Projekte entwickelten nie ein funktionierendes Produkt, sodass Anleger mit wertlosen Token zurückblieben.

Warum das auch heute noch wichtig ist

Diese Betrügereien waren keine Einzelfälle. Sie waren Teil eines Musters, das sich bis heute in neuen Formen fortsetzt. ICOs mögen heute nicht mehr im Mittelpunkt des Kryptomarkts stehen, doch das zugrunde liegende Schema ist geblieben. Betrüger versprechen weiterhin hohe Renditen, starten groß angelegte Marketingkampagnen und nutzen FOMO, um Investoren zu ködern.

Wenn Sie verstehen, wie ICOs einst Menschen getäuscht haben, erkennen Sie die gleichen Warnzeichen auch in der heutigen Krypto-Landschaft. Ob es sich um ein Meme-Coin-Pump-and-Dump, ein fingiertes DeFi-Projekt oder übertriebene Renditeversprechen handelt, die zu schön klingen, um wahr zu sein, die Warnsignale sind erstaunlich ähnlich.

Sicheres und durchdachtes Investieren ist ein zentrales Thema in diesem Buch. Wir haben bereits darüber gesprochen, wie man ein versierter Investor wird, indem man die richtigen Wallets auswählt, seine Private Keys schützt und seine Anlagen selbst verwaltet.

Und wir werden noch darüber sprechen, wie man sich auf steuerliche Verpflichtungen vorbereitet, die beim Handel mit Kryptowährungen entstehen, damit Sie nicht unerwartet mit einer Steuerprüfung konfrontiert werden.

Dieses Kapitel widmet sich einer anderen Kategorie von Fehlern – Fehlern, die teuer werden können. Fehler, die Ersparnisse vernichten, Träume zerstören und Ihr Urteilsvermögen auf die Probe stellen. Es sind die Art von Fallstricken, die Sie erkennen müssen, bevor Sie hineinlaufen.

Ich bin überzeugt, dass die meisten Krypto-Verluste nicht in einem Marktcrash entstehen. Sie entstehen, wenn kluge Menschen vermeidbare Fehler machen. Wenn sie den falschen Leuten vertrauen, Warnzeichen ignorieren, unüberlegte Entscheidungen treffen oder sich grundlegende Recherchen sparen. Und wenn sie vergessen, dass Verluste erst real werden, wenn man im Tief verkauft – statt klug zuzukaufen.

Häufige Kryptowährungs-Betrugsmaschen und wie Sie sich schützen können

Phishing-Angriffe

Wenn Sie jemals ein Konto bei einer Kryptobörse eröffnet haben, haben Sie wahrscheinlich schon einmal eine E-Mail erhalten, die aussah, als käme sie von der Börse. In dieser Nachricht wurde behauptet, Ihr Konto sei gesperrt oder kompromittiert, und Sie müssten dringend Maßnahmen ergreifen, um es wieder zu aktivieren – etwa durch das Klicken auf einen in der E-Mail enthaltenen Link.

Phishing ist eine der häufigsten Betrugsmaschen im Kryptobereich, und das aus gutem Grund: Es funktioniert. Betrüger versenden gefälschte E-Mails,

SMS oder Nachrichten, die scheinbar von einer vertrauenswürdigen Börse stammen. Diese Mitteilungen wirken oft täuschend echt, weil sie professionell gestaltet sind.

Typische Inhalte solcher Nachrichten:

- Es wird behauptet, Ihr Konto sei kompromittiert oder erfordere sofortige Maßnahmen.
- Sie enthalten gefälschte Anmeldelinks, die zu betrügerischen Websites führen, um Ihre Zugangsdaten abzugreifen.
- Sie fordern sensible Informationen wie Ihr Passwort, Ihre Private Keys oder 2FA-Codes an.

Wie Sie sicher bleiben:

- Überprüfen Sie stets die Absenderadresse und klicken Sie nicht auf Links in unerwünschten Nachrichten.
- Geben Sie die URL der Börse manuell in den Browser ein, statt sich auf E-Mail-Links zu verlassen.
- Aktivieren Sie Anti-Phishing-Codes (zum Beispiel bei Binance), um betrügerische E-Mails leichter zu erkennen.

Denken Sie daran: Börsen werden Sie niemals per E-Mail nach vertraulichen Informationen fragen.

Gefälschte Exchange-Websites

Betrüger erstellen täuschend echte Nachbildungen bekannter Kryptobörsen, um Nutzer zur Eingabe ihrer Anmeldedaten zu verleiten. Sobald diese eingegeben sind, haben die Betrüger Zugriff auf Ihr echtes Konto und können Ihre Kryptowährungen stehlen.

Woran Sie gefälschte Websites erkennen:

- Achten Sie auf HTTPS-Verschlüsselung (das Vorhängeschloss-Symbol in der Adresszeile).
- Prüfen Sie den Domainnamen sorgfältig. Betrüger nutzen oft Tippfehler wie „binace.com“ statt „binance.com“.

- Verwenden Sie Lesezeichen für die korrekte URL, um sich künftig sicher anzumelden.
- Tools wie Wallet Guard können dabei helfen, verdächtige Websites automatisch zu erkennen.

Schneeballsysteme und gefälschte Anlageplattformen

Schneeballsysteme versprechen garantierte hohe Renditen bei minimalem Risiko. Frühe Investoren erhalten ihre Auszahlungen mit dem Geld neuer Teilnehmer, bis das System zusammenbricht, weil keine neuen Gelder mehr hinzukommen.

Typische Warnzeichen für ein Ponzi-System:

- Unrealistische Versprechen, etwa „Täglich 10 Prozent Gewinn ohne Risiko"
- Kein nachvollziehbares Geschäftsmodell zur Erklärung der Gewinne
- Druck, weitere Personen anzuwerben, um eigene Belohnungen zu erhöhen

Wie Sie sicher bleiben:

- Seien Sie grundsätzlich skeptisch gegenüber Angeboten mit hohen Renditen ohne Risiko.
- Recherchieren Sie das Team, die Technologie und das Geschäftsmodell.
- Prüfen Sie, ob das Projekt reguliert ist und ob es glaubwürdige Nutzerbewertungen gibt.

Ein anschauliches Beispiel für ein klassisches Schneeballsystem, auch wenn nicht aus der Krypto-Welt, liefert die Netflix-Doku *Madoff: The Monster of Wall Street*, die eine gut nachvollziehbare Fallstudie präsentiert.

Pump-and-Dump-Systeme

Bei einem Pump-and-Dump treiben Betrüger den Kurs eines Altcoins durch übertriebene Werbung und fingierte Empfehlungen künstlich nach oben.

Sobald der Preis stark gestiegen ist, verkaufen sie ihre eigenen Bestände. Der Kurs bricht ein und spätere Investoren bleiben auf ihren Verlusten sitzen.

Wie Sie sicher bleiben:

- Vertrauen Sie nicht blind auf Trends in sozialen Medien.
- Recherchieren Sie die Grundlagen eines Projekts, bevor Sie Altcoins kaufen.
- Seien Sie wachsam bei neuen Token mit plötzlichen, nicht nachvollziehbaren Kursanstiegen.

Es reicht nicht, nur die gängigen Betrugsmaschen zu kennen. Entscheidend ist auch, welche Tools und Plattformen Sie nutzen, um sich zu schützen. Die in Kapitel 5 beschriebenen Sicherheitspraktiken für Börsen bieten eine solide Grundlage.

Die beste Verteidigung gegen Betrug bleibt jedoch Aufklärung. Bleiben Sie informiert über das, was in der Kryptowelt geschieht. Lernen Sie, Trends richtig zu deuten, verlässliche Nachrichtenquellen zu erkennen und Warnzeichen zu identifizieren, bevor sie zu teuren Fehlern führen.

Verfolgung von Krypto-Trends und Nachrichten

Die Qualität der Informationen im Kryptobereich kann stark variieren. Während einige Quellen präzise und fundierte Berichte liefern, verbreiten andere gezielt Fehlinformationen, um Klicks zu generieren oder den Markt zu manipulieren. Doch wo findet man verlässliche Informationen? Es gibt zahlreiche Quellen – man muss nur wissen, wo man suchen sollte. Im Folgenden erfahren Sie, wie Sie sich auf vertrauenswürdige Informationsquellen stützen können.

Krypto-Nachrichtenseiten

CoinDesk, Decrypt und CoinTelegraph haben sich als führende Plattformen für Krypto-Nachrichten etabliert. CoinDesk ist bekannt für Marktanalysen und Berichte zu regulatorischen Entwicklungen und berichtet häufig über bedeutende Ereignisse in der Branche. CoinTelegraph veröffentlicht ausführliche Artikel zur Blockchain-Technologie und zu neuen Trends. Decrypt richtet sich mit einem ausgewogenen Mix aus Bildungsinhalten und aktuellen Nachrichten an Einsteiger ebenso wie an erfahrene Anleger.

Diese spezialisierten Websites bieten tiefere Einblicke in Blockchain-Entwicklungen und Marktbewegungen als allgemeine Nachrichtenseiten, da sie sich ausschließlich auf Kryptowährungen konzentrieren.

Traditionelle Finanzmedien

Auch etablierte Finanzmedien investieren zunehmend in die Berichterstattung über digitale Vermögenswerte:

- Bloomberg analysiert Kryptowährungen aus einer globalwirtschaftlichen Perspektive und ordnet Entwicklungen in einen größeren Marktkontext ein.
- CNBC Crypto bietet Interviews mit Branchenexperten und institutionelle Perspektiven auf zentrale Markttrends.
- Forbes Crypto beleuchtet insbesondere die institutionelle Annahme sowie die regulatorischen Rahmenbedingungen, die die Branche prägen.

Diese Quellen helfen Ihnen dabei, Trends im Kryptomarkt in Relation zu den Entwicklungen an traditionellen Märkten zu setzen.

Tools zur Echtzeitverfolgung

Da die Kryptomärkte rund um die Uhr geöffnet sind, sind Echtzeit-Tools unverzichtbar, um stets auf dem Laufenden zu bleiben.

Mehrere mobile Anwendungen bieten Anlegern direkten Zugang zu Marktinformationen:

- **Blockfolio (FTX App):** Verfolgt die Performance Ihres Portfolios und allgemeine Markttrends
- **CryptoCompare:** Bietet benutzerdefinierte Preisalarme und detaillierte Asset-Vergleiche
- **TradingView:** Stellt fortgeschrittene Charting-Tools und technische Indikatoren für fundierte Analysen bereit

Für die gezielte Verfolgung bestimmter Themen können Sie **Google Alerts** einrichten, etwa für Begriffe wie „Bitcoin-Regulierung“ oder bestimmte Projektnamen. Mit **Feedly** lassen sich Artikel aus verschiedenen Quellen in einem einzigen, personalisierten Newsfeed zusammenführen.

Soziale Medien und Community-Quellen

Auch in sozialen Medien und innerhalb der Krypto-Community finden sich wertvolle Informationen. Allerdings ist hier besondere Vorsicht geboten, da sich Fehlinformationen schnell verbreiten – sei es durch Anfänger, die sich als Experten ausgeben, oder durch gezielte Manipulation durch betrügerische Akteure.

- **X (früher Twitter):** Gilt als Zentrum der Krypto-Diskussionen. Hier veröffentlichen Influencer, Analysten und Entwickler aktuelle Informationen in Echtzeit. Regulatorische Neuigkeiten, Sicherheitsvorfälle oder Partnerschaften werden oft zuerst hier bekannt. Die Plattform eignet sich hervorragend zur schnellen Orientierung, erfordert jedoch sorgfältige Prüfung, um Hype und versteckte Werbung als solche zu erkennen.
- **Reddit:** Subreddits wie r/cryptocurrency bieten ausführliche Diskussionen über technische Analysen, Investitionserfahrungen und unterschiedliche Perspektiven. Diese Vielfalt hilft dabei, ein Thema aus mehreren Blickwinkeln zu betrachten. Wenn ein Forum allerdings zur Echokammer wird, in der Skepsis oder Euphorie überwiegt, ist Vorsicht geboten.

Profi-Tipp: Achten Sie auf das Engagement und den Tonfall in den Communities, denen Sie folgen. Der emotionale Unterton kann frühe Hinweise auf bevorstehende Marktveränderungen liefern.

- **Telegram und Discord:** Diese Plattformen ermöglichen den direkten Austausch in geschlossenen Gruppen. Viele Krypto-Projekte betreiben offizielle Kanäle, in denen Entwickler Fragen beantworten. Handelsorientierte Gruppen geben

Warnmeldungen zu Marktbewegungen oder sogenannten Wal-Aktivitäten weiter. Auch hier gilt: Pump-and-Dump-Versuche sind keine Seltenheit. Verifizieren Sie Informationen, bevor Sie darauf reagieren.

Wichtige Bezugspersonen

Wenn Sie den richtigen Stimmen folgen, können Sie Trends oft erkennen, noch bevor sie in den Mainstream-Medien erscheinen. Krypto-Gründer veröffentlichen häufig technische Updates, während Analysten Kursbewegungen live kommentieren.

Verlässliche Stimmen sind unter anderem:

- **Vitalik Buterin:** Kommentiert regelmäßig Ethereums Roadmap, Skalierungslösungen und grundlegende Krypto-Philosophien
- **Changpeng Zhao (ehemaliger Binance-CEO):** Gibt Einblicke in Marktdynamiken und Branchentrends
- **Brian Armstrong (CEO von Coinbase):** Äußert sich zu regulatorischen Entwicklungen, institutioneller Akzeptanz und dem Betrieb zentraler Börsen

Ergänzend dazu bieten Marktanalysten wie **CryptoCred** technische Analysen und Schulungen, die Tradern helfen, ihre Strategien zu verfeinern. **Willy Woo** analysiert Bitcoin mit On-Chain-Daten anstelle klassischer Charttechnik. **Raoul Pal** verbindet traditionelle Finanzmärkte mit dem Kryptosektor und erklärt, wie makroökonomische Trends digitale Vermögenswerte beeinflussen.

Mit der richtigen Auswahl an Quellen, Tools und Stimmen können Sie Ihre Marktkenntnisse gezielt vertiefen und schneller fundierte Entscheidungen treffen.

ChatGPT-Prompts, um Sie auf dem Laufenden zu halten

Wenn Sie mit ChatGPT oder ähnlichen Chatbots wie Claude vertraut sind, können Ihnen diese Tools helfen, Marktnachrichten innerhalb von Sekunden zu erfassen. Sie können einen Chatbot unter anderem um folgende Informationen bitten:

Tägliche oder wöchentliche Marktübersichten

Bleiben Sie informiert über die neuesten Kursbewegungen, Nachrichten und Trends.

- **Prompt:** „Geben Sie mir eine Zusammenfassung der wichtigsten Krypto-Nachrichten von heute."
- **Prompt:** „Fassen Sie die wichtigsten Trends auf dem Kryptomarkt im letzten Monat zusammen."

Verfolgung der Bewegungen des Fear & Greed Index

Verstehen Sie, wie sich die Marktstimmung verändert und wie sie die Kurse beeinflusst.

- **Prompt:** „Wie hat sich der Fear and Greed Index in den letzten sechs Monaten verändert? Welche Trends lassen sich erkennen?"

Überwachung von Nachrichten aus dem Bereich Regulierung und Industrie

Bleiben Sie politischen Entwicklungen, neuen Börsenrichtlinien und regulatorischen Änderungen einen Schritt voraus.

- **Prompt:** „Fassen Sie die jüngsten Krypto-Bestimmungen in den USA zusammen und wie sie sich auf Investoren auswirken."
- **Prompt:** „Wie reagieren Regierungen auf Bitcoin-ETFs und institutionelle Übernahmen?"

Analyse der Marktstimmung

Erfassen Sie die Emotionen der Anleger auf Social Media und in Nachrichtenportalen.

- **Prompt:** „Wie ist die allgemeine Stimmung rund um Ethereum in den sozialen Medien diese Woche?"
- **Prompt:** „Fassen Sie die Bitcoin-Diskussionen auf Reddit und Twitter der letzten sieben Tage zusammen."

- **Prompt:** „Analysieren Sie die aktuelle Stimmung zu Solana und ob sie bullisch oder bärisch ist."

Profi-Tipp: Fragen Sie ChatGPT nach Quellen, damit Sie relevante Artikel direkt einsehen können. Da ChatGPT gelegentlich ungenaue Informationen liefert, ist es sinnvoll, sich selbst ein Bild zu machen.

Das regelmäßige Verfolgen von Marktnachrichten und -entwicklungen hilft Ihnen, Trends frühzeitig zu erkennen. Zuverlässige Nachrichtenquellen und fundierte Marktanalysen sind besonders wichtig, da sich Kryptowährungen stärker als traditionelle Märkte durch ihre Online-Communities formen. Diese bieten oft frühzeitig Zugang zu Informationen, Analysen und Veränderungen der Marktstimmung, die Kursbewegungen vorausgehen.

Wie Krypto-Nachrichten die Preise beeinflussen

Nachrichten aus der Branche können erhebliche Auswirkungen auf die Kurse von Kryptowährungen haben. Institutionelle Käufe führen häufig zu Kursanstiegen. Als Tesla 2021 Bitcoin in seine Bilanz aufnahm, stieg der Kurs deutlich, da dies das Vertrauen institutioneller und privater Anleger stärkte. Auch die Erklärung El Salvadors, Bitcoin zum gesetzlichen Zahlungsmittel zu machen, führte zu neuen Allzeithochs. Positiv wirken sich zudem kryptofreundliche Gesetzgebungen aus, da sie rechtliche Klarheit schaffen und das Vertrauen in den Markt stärken. Wenn Regierungen Kryptowährungen als regulierungswürdig anerkennen, wirkt das legitimierend. Technologische Entwicklungen haben ebenfalls Einfluss – etwa Ethereums Umstellung auf Proof-of-Stake, die sowohl Nachhaltigkeit als auch Zukunftsperspektiven betonte und dadurch Begeisterung auslöste.

Andererseits können negative Nachrichten zu schnellen und teils panikartigen Kursrückgängen führen. Das Verbot des Bitcoin-Minings in China im Jahr 2021 löste Turbulenzen aus, da Miner gezwungen waren, ihre Standorte zu verlagern, was kurzfristig für Marktunsicherheit sorgte. Sicherheitslücken an Börsen oder Exploits in Protokollen untergraben das Vertrauen der Anleger und führen häufig zu abrupten Ausverkäufen. Auch makroökonomische Faktoren wie Inflation, Zinserhöhungen oder wirtschaftliche Instabilität beeinflussen den Kryptomarkt, da Anleger in volatilen Zeiten ihr Risikoprofil neu bewerten.

Beispiel: Der Zusammenbruch von FTX im November 2022 löste einen weitreichenden Abschwung aus. Innerhalb weniger Tage schrumpfte die gesamte Marktkapitalisierung um 150 bis 200 Milliarden US-Dollar.

Profi-Tipp: Beobachten Sie, wie die Märkte auf verschiedene Arten von Nachrichten reagieren. So entwickeln Sie ein besseres Gespür für typische Kursmuster und lernen, Marktbewegungen vorauszudenken, anstatt nur auf sie zu reagieren.

Das Verfolgen von Krypto-Nachrichten und das Verständnis ihrer Auswirkungen ist essenziell. Genauso wichtig ist jedoch, wie Sie selbst auf diese Nachrichten reagieren. In einem dynamischen, oft emotional aufgeladenen Markt wie dem der Kryptowährungen können auch gut informierte Anleger kostspielige Fehler machen, wenn sie sich von Angst oder Euphorie leiten lassen.

Marktbedingte Fehler

Die Psychologie spielt bei Anlageentscheidungen eine zentrale Rolle. Viele Anleger neigen dazu, über mehrere Volatilitätszyklen hinweg dieselben emotionalen Fehler zu wiederholen. Wenn Sie lernen, diese Muster zu erkennen, Ihre Emotionen zu kontrollieren, diszipliniert zu bleiben und sich an eine durchdachte Strategie zu halten, verbessern Sie Ihre Chancen auf langfristigen Erfolg im Kryptomarkt erheblich.

- **Angst und Panikverkäufe bei Marktabstürzen:** Wenn Bitcoin oder Altcoins an einem einzigen Tag um 20 bis 30 Prozent fallen, geraten viele in Panik. Aus Angst, ihr verbleibendes Kapital zu verlieren, verkaufen sie mit Verlust. Dabei vergessen sie, dass starke Rückgänge oft vorübergehend sind. Wer in solchen Momenten emotional handelt, verpasst möglicherweise die nachfolgende Erholung und langfristige Gewinne.

Lektion: Verkäufe aus Angst führen zu realen Verlusten. Geduld und Weitblick zahlen sich aus.

- **FOMO und Käufe bei Marktspitzen:** Wenn die Kurse stark steigen, werden viele Anleger euphorisch – manchmal zu euphorisch. Aus Angst, potenzielle Gewinne zu verpassen, steigen sie hastig ein, oft ohne Rücksicht auf das tatsächliche Kursniveau. In vielen Fällen kaufen sie nahe dem Hochpunkt, bevor es zu einer Korrektur kommt.

Lektion: Laufen Sie nicht blind Trends hinterher.

- **Overtrading aufgrund von Marktgeräuschen:** Wer ständig auf kurzfristige Kursbewegungen reagiert und häufig kauft oder verkauft, zahlt nicht nur hohe Gebühren, sondern riskiert auch emotionale Fehlentscheidungen.

Lektion: Verstehen Sie die grundlegenden Marktzyklen und bewahren Sie Ruhe, besonders bei Rücksetzern.

- **Gerüchten ohne eigene Recherche folgen:** Viele Anleger kaufen Altcoins basierend auf Trends in sozialen Netzwerken wie X oder Reddit, ohne sich näher mit dem Projekt zu beschäftigen. Sobald der Hype nachlässt, verlieren diese Coins oft rapide an Wert.

Lektion: Always DYOR. Immer.

Andere Dinge, die man stattdessen tun kann

Hier sind einige Techniken, um emotionale Reaktionen zu kontrollieren und Ihre Investitionsdisziplin zu stärken:

- **Definieren Sie klare Einstiegs- und Ausstiegspunkte:** Legen Sie im Voraus fest, bei welchen Kursen Sie kaufen oder verkaufen möchten. So reduzieren Sie das Risiko impulsiver Entscheidungen.
- **Entwickeln Sie eine langfristige Perspektive:** Gewöhnen Sie sich daran, Kursschwankungen als normalen Teil des Marktes zu sehen.

Ich könnte Ihnen raten, zu meditieren oder tief durchzuatmen – aber ehrlich gesagt hat mir das nie wirklich geholfen. Was bei mir funktioniert hat, war die konsequente Ausrichtung auf langfristige Entwicklungen. Historische Daten zeigen: Solide Projekte erholen sich meist wieder und wachsen über die Zeit. Ignorieren Sie tägliche Kursbewegungen. Wenn Sie langfristig investieren wollen, schauen Sie in volatilen Phasen nicht täglich ins Portfolio.

- **Vermeiden Sie unnötigen Stress:** Wenn Sie mit heftigen Kursbewegungen schlecht umgehen können, ist kurzfristiger Handel möglicherweise nicht die richtige Strategie für Sie.
- **Investieren Sie nur Geld, dessen Verlust Sie sich leisten können:** Punkt.

Wenn Ihre Investments Sie in Panik versetzen, ist das ein deutliches Warnsignal, Ihre Strategie zu überdenken. Haben Sie Kapital eingesetzt, das Sie für andere Zwecke benötigen? Passt Ihre Strategie zu Ihrer tatsächlichen Risikobereitschaft? Oder haben Sie sich ohne ausreichende Erfahrung zu schnell auf unbekanntes Terrain begeben?

Indem Sie sich diese Fragen ehrlich beantworten, können Sie gezielt Anpassungen vornehmen.

Auch das bewusste Erkennen von Mustern im Markt kann helfen, sich gegen emotionale Reaktionen zu wappnen und fundiertere Entscheidungen zu treffen.

Identifizierung von Marktmustern

Die Geschichte zeigt uns, dass die Zyklen der Finanzmärkte den Gezeiten ähneln – sie kommen und gehen. Jede Phase hat ihren eigenen Rhythmus, der sich mit der Zeit wiederholt. Auch wenn die Geschichte der Kryptowährungen noch vergleichsweise jung ist, gilt dieses Prinzip weiterhin. Die Marktzyklen folgen im Allgemeinen einem vorhersehbaren Muster, das sich in vier Schlüsselphasen unterteilen lässt:

- **Anhäufung:** Erfahrene Anleger kaufen unauffällig ein, wenn die Preise niedrig sind.

- **Expansion:** Der wachsende Optimismus zieht mehr Käufer an, wodurch die Preise steigen.
- **Vertrieb:** Der Hype erreicht seinen Höhepunkt, frühe Investoren steigen aus, der Markt wird überbewertet.
- **Niedergang:** Die Realität setzt ein, Panikverkäufe beginnen, die Kurse sinken – und der Zyklus beginnt von vorn.

Diese Phasen zu erkennen, ist ein praktischer Weg, um strategischer zu investieren. Wer weiß, in welcher Phase sich der Markt gerade befindet, kann gezielter handeln und der Grundregel folgen: günstig kaufen, teuer verkaufen.

Die Analyse vergangener Zyklen kann Hinweise darauf liefern, wann ein Markt überhitzt oder unterbewertet ist. Auch wenn kein Zyklus dem anderen exakt gleicht, verlaufen sie oft entlang ähnlicher psychologischer Muster. Das Beobachten früherer Höchststände und Korrekturen kann helfen, bessere Zeitpunkte für Käufe und Verkäufe zu identifizieren.

Der Fear-and-Greed-Index als Instrument

Die Stimmung der Anleger hat großen Einfluss auf Marktschwankungen. Der Fear-and-Greed-Index ist ein hilfreiches Instrument, um die aktuelle Marktpsychologie besser zu verstehen:

- **Extreme Gier:** Kann ein Zeichen für Überbewertung sein. Vorsicht ist geboten.
- **Extreme Furcht:** Deutet oft auf eine Unterbewertung hin, häufig eine Gelegenheit zum Kauf.

In Phasen der Angst zu kaufen und in Phasen der Gier zu verkaufen, hat sich historisch als erfolgreiche Strategie erwiesen. Eine Untersuchung zeigte, dass der Einsatz des Bitcoin Fear-and-Greed-Index als Handelssignal eine Buy-and-Hold-Strategie deutlich übertreffen kann. Wer kaufte, wenn der Index extreme Angst signalisierte, und bei extremer Gier verkaufte, erzielte einen Gewinn von 1.145 Prozent – verglichen mit 235 Prozent bei einer reinen Buy-and-Hold-Strategie im gleichen Zeitraum.

Die wichtigste Erkenntnis aus diesem Kapitel ist einfach: Gründliche Recherche und Erfahrung schützen vor Fehlentscheidungen. Wer sich die Zeit nimmt, Fakten zu überprüfen, Behauptungen zu hinterfragen und verschiedene Blickwinkel einzunehmen, reduziert das Risiko und verbessert die Qualität seiner Investitionen.

Sich vor Betrug zu schützen, hilft dabei, Verluste zu vermeiden. Um aber Vermögen aufzubauen, ist es entscheidend zu erkennen, welche Projekte echtes Potenzial haben. Im nächsten Kapitel erfahren Sie, wie Sie solche Gelegenheiten identifizieren – mit Hilfe einer soliden Fundamentalanalyse, die Ihnen ermöglicht, fundierte und zukunftssichere Entscheidungen zu treffen.

Wir werden uns nun mit genau diesen Fähigkeiten beschäftigen, die das Fundament intelligenter Krypto-Investitionen bilden. Sie lernen praxisorientierte Methoden kennen, mit denen Sie den tatsächlichen Wert eines Projekts jenseits des Medienrummels einschätzen können.

8 FUNDAMENTALANALYSE: AUFSTREBENDE KRYPTOWÄHRUNGEN MIT WACHSTUMSPOTENZIAL ERKENNEN

Wenn Sie erst spät in das Bitcoin-Spiel eingestiegen sind, ist die Realität, dass Sie nicht dieselben Gewinne erzielen werden wie die Early Adopters, die für 0,10, 1 oder sogar 1.000 Dollar pro BTC gekauft haben. Aber heißt das, dass Sie den Anschluss verpasst haben? Ganz und gar nicht.

Während Bitcoin digitale Knappheit geschaffen und Ethereum programmierbares Geld ermöglicht hat – wie wir im Kapitel über Altcoins besprochen haben – widmen sich neue Projekte gezielt spezifischen Herausforderungen. Einige konzentrieren sich auf Datenschutz, andere auf Skalierbarkeit, Interoperabilität zwischen Blockchains oder die Tokenisierung realer Vermögenswerte.

Solana stieg von etwa 2 Dollar Anfang 2021 auf ein Allzeithoch von fast 260 Dollar im selben Jahr. Avalanche sprang von unter 4 Dollar Anfang 2021 auf rund 135 Dollar. Polygon kletterte von etwa 0,01 Dollar im Jahr 2020 auf über 2,90 Dollar an seinem Höchstpunkt. Frühzeitige Anleger wurden mit enormer Rendite belohnt, weil sie den fundamentalen Wert erkannten, noch bevor der Markt aufholte.

Doch auf jede Erfolgsgeschichte kommen zahlreiche Projekte, die in der Bedeutungslosigkeit verschwinden. Ihre Aufgabe ist es nicht, in alles zu investieren, sondern ein System zu entwickeln, mit dem Sie echte Substanz von leeren Versprechungen unterscheiden können. Es geht darum, die Fähigkeit zu entwickeln, starke Projekte mit langfristigem Potenzial zu identifizieren, bevor sie für die breite Masse offensichtlich werden. Am Ende dieses Kapitels werden Sie genau wissen, wie Sie das nächste große Ding von kurzlebigen Hypes unterscheiden.

Lassen Sie uns gemeinsam erarbeiten, was einen Coin wirklich wertvoll macht. Sind Sie bereit, das Spekulieren hinter sich zu lassen und zu investieren? Dann legen wir los.

Grundlagen der Fundamentalanalyse

Wenn Sie Kryptowährungen kaufen, erwerben Sie mehr als nur Linien auf einem Chart. Sie investieren in eine Vision, eine Technologie und eine Lösung. Während grüne und rote Kerzen Daytrader faszinieren mögen, richtet intelligentes Kapital den Blick tiefer.

Betrachten Sie die Fundamentalanalyse (FA) als Detektivarbeit: Sie sammeln Hinweise darauf, was ein Krypto-Projekt wirklich wert ist – jenseits des aktuellen Preisschilds. Anders als bei Aktien, bei denen Sie beispielsweise Kurs-Gewinn-Verhältnisse oder Quartalszahlen analysieren, erfordert die Bewertung von Kryptowährungen einen eigenen Ansatz.

Sie müssen den Code betrachten, nicht das Unternehmen. Die Community, nicht den CEO. Und das zugrunde liegende Problem, nicht den ausgewiesenen Profit.

Warum dieser Rechercheaufwand? Weil Preise täuschen können. Sie schwanken durch Tweets, Spekulation, FOMO oder gezielte Marktmanipulation. Die Fundamentaldaten hingegen offenbaren den tatsächlichen Wert eines Projekts. Wer diese Diskrepanz zwischen Preis und Wert erkennt, verschafft sich einen strategischen Vorteil.

Ich zeige Ihnen Schritt für Schritt, worauf Sie bei der Bewertung eines Krypto-Projekts achten sollten.

Schlüsselaspekte der Fundamentalanalyse bei Kryptowährungen

Stellen Sie sich die Fundamentalanalyse wie einen dreibeinigen Hocker vor: Ist eines der Beine wacklig, gerät das gesamte Projekt ins Wanken. Diese drei Säulen tragen jedes solide Krypto-Projekt:

1. **Technologie und Infrastruktur:** Ist die Blockchain sicher, skalierbar und technologisch innovativ?

2. **Nützlichkeit und Akzeptanz:** Wird ein echtes Problem gelöst? Gibt es tatsächlich Nachfrage?

3. **Finanzielle Metriken und Marktposition:** Was sagen die Zahlen? Wie stark ist die Position im Wettbewerb?

Lassen Sie uns diese drei Säulen im Detail betrachten, damit Sie Projekte erkennen, die echtes Potenzial haben – noch bevor der Markt sie entdeckt.

1. Technologie und Infrastruktur: Das Fundament einer Kryptowährung

Der technische Aufbau eines Projekts ist der Punkt, an dem sich Theorie und Praxis treffen. Kein noch so gutes Marketing kann schlechten Code überdecken. Bei der Analyse der Technologie sollten Sie sich folgende Fragen stellen:

- **Ist die Sicherheit gewährleistet?** Hat sich das System in der Praxis bewährt? Gab es unabhängige Sicherheitsprüfungen?
- **Ist die Blockchain skalierbar?** Viele Projekte funktionieren im Kleinen gut, versagen aber unter Last. Prüfen Sie Transaktionsgeschwindigkeit, Gebührenstruktur und das Verhalten bei Netzüberlastungen.
- **Gibt es echte Innovation?** Ein Projekt, das nur bestehende Systeme wie Bitcoin oder Ethereum kopiert, ist selten zukunftsfähig. Suchen Sie nach technologischen Alleinstellungsmerkmalen.
- **Wie aktiv ist die Weiterentwicklung?** Schauen Sie sich die GitHub-Aktivität an. Regelmäßige Updates und Community-Engagement sind gute Zeichen.

2. Nützlichkeit und Akzeptanz: Reale Anwendungsfälle und tatsächliche Nachfrage

Eine noch so leistungsfähige Blockchain ist wertlos, wenn sie niemand nutzt. Ein Krypto-Projekt ohne Nutzerbasis ist wie ein Sportwagen, der ungenutzt in der Garage steht: beeindruckend, aber irrelevant.

Fragen Sie sich:

- **Welches konkrete Problem wird gelöst?** Können Sie es in einem Satz erklären? Wenn nicht, ist es vielleicht gar nicht existent.
- **Wer nutzt das Projekt aktuell?** Konzentrieren Sie sich nicht auf vage Zukunftsversprechen. Schauen Sie auf Metriken wie Transaktionszahlen, täglich aktive Adressen oder App-Downloads.
- **Gibt es Partnerschaften mit etablierten Unternehmen?** Das ist mehr als nur ein Aushängeschild. Es zeigt, dass Profis auf die Technologie vertrauen.
- **Wie hoch ist die Wechselbarriere?** Wenn Nutzer leicht zur Konkurrenz wechseln können, wird das über kurz oder lang passieren. Projekte mit klaren Alleinstellungsmerkmalen binden ihre Nutzer besser.

3. Finanzielle Metriken und Marktposition: Bewertung des Wachstumspotenzials

Zahlen lügen nicht. Auch wenn es bei Kryptowährungen um mehr geht als nur um Finanzen, sind solide Daten ein unverzichtbarer Teil der Analyse.

$$\text{Marktkapitalisierung} = \text{Preis des Tokens} \times \text{zirkulierendes Angebot}$$

Ein Token, der bei 0,00001 Dollar notiert, ist nicht automatisch ein Schnäppchen. Die Marktkapitalisierung gibt Aufschluss über die tatsächliche Bewertung. Ein Coin mit 50 Millionen Dollar Marktkapitalisierung hat grundsätzlich mehr Wachstumspotenzial (und Risiko) als einer mit 50 Milliarden.

Tokenomics: Angebotsmechanik

- **Festes Angebot** wie bei Bitcoin (21 Millionen): Schafft Knappheit und kann langfristig zu Preissteigerungen führen.
- **Inflationäres Modell:** Werden ständig neue Token generiert, kann dies Ihre Beteiligung verwässern – besonders wenn die Nachfrage nicht im gleichen Tempo wächst.

Fragen Sie sich: Wird der Markt mit neuen Token überschwemmt, bevor die Nachfrage sie aufnehmen kann?

Liquidität und Handelsvolumen:

Ein niedriges tägliches Handelsvolumen ist ein Warnsignal. Es bedeutet, dass Sie Ihre Position womöglich nicht verkaufen können, wenn es darauf ankommt – zumindest nicht ohne den Preis erheblich zu beeinflussen.

Wenn ein Coin zwar eine gute technische Basis hat, aber nur ein tägliches Handelsvolumen von 50.000 Dollar aufweist, ist Vorsicht geboten. In einer Abverkaufsphase könnten Anleger gezwungen sein, mit Verlusten von 30 bis 40 Prozent zu verkaufen, nur um liquid zu bleiben. Das ist keine Position, in der Sie sich wiederfinden möchten.

Fundamentalanalyse zur Identifizierung starker Investitionen

Lassen Sie uns praktisch werden. Hier ist Ihre Schritt-für-Schritt-Anleitung zur Untersuchung eines Krypto-Projekts. Diese Herangehensweise eignet sich sowohl für etablierte als auch für neue Projekte.

Schritt 1: Lesen Sie das Whitepaper

Das Whitepaper ist die Blaupause des Projekts. Es sollte klar darlegen:

- welches konkrete Problem gelöst werden soll (keine vagen Aussagen wie „Revolutionierung des Finanzwesens")
- wie die Lösung technisch und praktisch funktioniert
- einen realistischen Fahrplan mit klar definierten Meilensteinen
- den Nutzen des Tokens und dessen Rolle im Ökosystem

Rote Fahnen: Übertriebener Fachjargon, unrealistische Versprechungen, fehlende technische Details oder Hinweise, die den Eindruck erwecken, bloß für Marketingzwecke formuliert zu sein.

Schritt 2: Recherchieren Sie das Team und die Entwicklungsaktivität

Ein Krypto-Projekt ist nur so stark wie die Menschen, die es vorantreiben.

- Überprüfen Sie die Teammitglieder auf LinkedIn und über Google. Haben sie bereits etwas Glaubwürdiges aufgebaut?
- Schauen Sie sich die Aktivitäten auf GitHub an (dort wird der Code veröffentlicht). Wird regelmäßig entwickelt oder ist das Repository weitgehend inaktiv?
- Achten Sie auf die Kommunikation der Gründer. Geht es um Transparenz und Herausforderungen, oder vor allem um den Token-Preis?

Extratipp: Kein benanntes Team? Das ist ein Warnsignal – es sei denn, es handelt sich um ein wirklich dezentrales, communitygesteuertes Protokoll mit nachgewiesener Erfolgsbilanz.

Schritt 3: Bewertung von Produkt-Markt-Fit und Wettbewerbsfähigkeit

Kryptoprojekte existieren nicht im luftleeren Raum. Stellen Sie sich die Frage:

- Was unterscheidet dieses Projekt von der Konkurrenz?
- Bietet es eine echte Innovation oder löst es ein bestehendes Problem auf neue Weise?
- Ist es ein First Mover oder versucht es, etablierte Ideen einfach nachzuahmen?
- Gibt es branchenspezifische oder regionale rechtliche Besonderheiten?

Denken Sie daran: Es setzt sich nicht immer die beste Technologie durch. Oft gewinnt das Projekt mit der besten Kombination aus Produkt, Community, Timing und Anpassungsfähigkeit.

Schritt 4: Bewerten Sie die Community und Partnerschaften

Starke Communities tragen Projekte durch schwierige Phasen. Achten Sie auf:

- aktive Diskussionen zu Nutzen, Technologie und Governance (nicht nur zu Preisen)
- echtes Engagement statt künstlich aufgeblähter Zahlen durch Bots oder Belohnungssysteme
- echte Partnerschaften: Prüfen Sie, ob Partnerorganisationen die Zusammenarbeit öffentlich bestätigen

Communities mit einem langfristigen Fokus haben meist Bestand. Projekte, die auf kurzfristigen Hype angewiesen sind, verschwinden schneller.

Schritt 5: Analyse der Tokenomics und des Marktpotenzials

Das Design der Token kann über den Erfolg eines Projekts entscheiden. Stellen Sie sich diese Fragen:

- Wie ist der Token verteilt? Große Zuteilungen an Insider oder VCs mit kurzen Sperrfristen sind ein Risiko.
- Wann und in welchem Umfang werden neue Token freigegeben? Plötzliche Freisetzungen können den Markt mit Angebot überfluten und den Preis belasten.
- Wie groß ist der aktuelle Markt und wie groß ist das adressierbare Potenzial? Ein 50-Millionen-Dollar-Projekt, das eine 10-Milliarden-Dollar-Branche adressiert, hat möglicherweise Raum für Wachstum. Eine 5-Milliarden-Dollar-Meme-Coin ohne Anwendungsfall? Wahrscheinlich eher nicht.

Profi-Tipp: Bewerten Sie Krypto-Projekte so, wie Sie ein Start-up bei einer Due-Diligence-Prüfung bewerten würden. Wenn Sie kein Geld in ein Unternehmen investieren würden, nur weil es im Trend liegt, sollten Sie auch den zugehörigen Token nicht kaufen.

Die Fundamentalanalyse vermittelt ein umfassendes Bild über den inneren Wert eines Projekts. Ergänzend ermöglicht die On-Chain-Analyse, diesen Wert in Echtzeit zu überprüfen – indem Sie beobachten, was tatsächlich auf der Blockchain geschieht. Es ist, als würden Sie vom Lesen eines Businessplans zur Analyse der tatsächlichen Umsatzzahlen übergehen.

On-Chain-Analytik: Einblicke in Blockchain-Daten

Die On-Chain-Analyse beschäftigt sich mit den tatsächlichen Transaktionsdaten, die dauerhaft in der Blockchain gespeichert sind. Dieser Ansatz bietet Kryptowährungsanlegern Einblicke, die in traditionellen Finanzmärkten in dieser Form nicht verfügbar sind.

Wichtige On-Chain-Metriken, die Sie verfolgen sollten

Die nützlichsten Blockchain-Daten lassen sich in drei Hauptkategorien einteilen:

Aktivität der Transaktionen

- **Transaktionsvolumen:** Zeigt den Gesamtwert aller täglichen Transfers im Netzwerk. Ein hohes Volumen deutet in der Regel auf aktive Nutzung und wirtschaftliche Relevanz hin.
- **Aktive Adressen:** Zählt die eindeutigen Wallet-Adressen, die innerhalb eines Tages mit dem Netzwerk interagieren. Ein Anstieg deutet häufig auf wachsende Nutzerbeteiligung und steigende Akzeptanz hin.

Die Kombination dieser beiden Kennzahlen liefert aussagekräftigere Einblicke als der Preis allein. Wenn beispielsweise das

Transaktionsvolumen steigt, der Preis aber stabil bleibt, kann dies auf eine bevorstehende Aufwärtsbewegung hindeuten.

Daten zur Netzwerksicherheit

- **Hash-Rate (bei Proof-of-Work-Netzwerken wie Bitcoin):** Misst die gesamte Rechenleistung, die zur Sicherung des Netzwerks aufgewendet wird. Ein Anstieg der Hash-Rate signalisiert mehr Vertrauen der Miner und höhere Sicherheit.
- **Staking-Anteil (bei Proof-of-Stake-Netzwerken):** Zeigt, welcher Anteil der Token zur Validierung des Netzwerks eingesetzt wird. Höhere Raten deuten häufig auf langfristiges Vertrauen der Anleger hin.

Verhalten von Investoren

- **Zuflüsse und Abflüsse an Börsen:** Bewegungen von Kryptowährungen auf oder von Börsen können Hinweise auf Kauf- oder Verkaufsdruck geben. Große Zuflüsse deuten oft auf bevorstehende Verkäufe hin, während große Abflüsse auf langfristige Halteabsichten schließen lassen.
- **Whale-Transaktionen:** Verfolgen Sie Adressen mit besonders großen Beständen. Ein plötzlicher Anstieg der Aktivität solcher Adressen kann auf bevorstehende Marktbewegungen hindeuten.

Praktische Anwendungen von On-Chain-Daten

Bullische Signale erkennen

- Zunehmende Abhebungen von Börsen auf private Wallets
- Anstieg aktiver Adressen bei gleichbleibenden Preisen
- Höheres Transaktionsvolumen als Zeichen wachsender Netzwerknutzung
- Reaktivierung zuvor inaktiver Wallets, oft zum Nachkauf

Potenzielle Abwärtstrends erkennen

- Große Mengen an Kryptowährungen, die auf Börsen eingehen
- Sinkende Netzaktivität trotz steigender Preise
- Verkäufe von Block Rewards durch Miner oder Validierer
- Rückgang bei der Erstellung neuer Wallet-Adressen

Tools für den Zugriff auf On-Chain-Daten

Mehrere Plattformen machen diese Daten auch ohne technische Vorkenntnisse zugänglich:

- **Glassnode:** Bietet umfassende Metriken mit kostenfreiem Zugang zu Grunddaten
- **Santiment:** Kombiniert On-Chain- mit Stimmungsdaten aus sozialen Netzwerken
- **CryptoQuant:** Spezialisiert auf Börsenströme und das Verhalten von Minern
- **IntoTheBlock:** Nutzt KI-basierte Modelle zur Ableitung von Signalen aus On-Chain-Daten

Selbst eine einfache wöchentliche Überprüfung dieser Kennzahlen kann Ihnen dabei helfen, informiertere Investitionsentscheidungen zu treffen.

Damit schließen wir unsere Reise durch die verschiedenen Analysemethoden für Kryptowährungsinvestitionen ab. Durch die Kombination von Fundamentalanalyse, technischer Analyse und On-Chain-Daten entwickeln Sie einen robusten Bewertungsansatz, der über bloßen Hype hinausgeht.

Zu wissen, was ein Projekt wertvoll macht, ist nur ein Teil der Aufgabe eines klugen Investors. Der andere Teil ist zu verstehen, was der Staat von Ihnen erwartet, wenn Sie Gewinne erzielen. Bevor Sie also Ihren nächsten Verfünffacher feiern, sprechen wir im nächsten Kapitel über Krypto-Steuern: Was gilt als Einkommen, was gilt als steuerpflichtiges Ereignis – und wie behalten Sie den Überblick, ohne den Verstand zu verlieren.

9 KRYPTO UND STEUERN: DIE GRUNDLAGEN

Die Durchsetzung von Steuerpflichten im Zusammenhang mit Kryptowährungen hat in vielen Ländern, insbesondere in den Vereinigten Staaten und zunehmend auch in Europa, stark an Bedeutung gewonnen. Was einst nur ein kleines Ankreuzfeld im Steuerformular war, ist inzwischen zu einer komplexen Meldepflicht mit Datenaustausch zwischen Börsen und Finanzbehörden sowie verstärkten Prüfungen geworden.

Viele Anleger geraten dabei nicht wegen vorsätzlicher Steuerhinterziehung in Schwierigkeiten, sondern weil die Regelungen kompliziert, unübersichtlich und ständigen Änderungen unterworfen sind.

Jede Krypto-Transaktion, sei es Kauf, Verkauf, Tausch oder Einnahme, kann steuerliche Konsequenzen haben. Doch wer die Regeln kennt, kann seine Steuerlast häufig senken.

Da die Vorschriften von Land zu Land variieren, ist eine präzise Dokumentation unerlässlich, um künftige Probleme zu vermeiden. In diesem Kapitel besprechen wir die wichtigsten Grundlagen, damit Sie Ihre Krypto-Investitionen steuerlich sicher und planvoll verwalten können.

Welche Krypto-Aktivitäten lösen Steuern aus?

Nicht jede Aktivität mit Kryptowährungen führt automatisch zu einer Steuerpflicht. Zu wissen, was gemeldet werden muss und was nicht, hilft Ihnen, besser zu planen und unangenehme Überraschungen zu vermeiden.

Aktionen, die steuerpflichtig sind

Verkaufen Sie Bitcoin gegen US-Dollar, entsteht ein steuerpflichtiges Ereignis. Dasselbe gilt, wenn Sie ETH gegen SOL tauschen, mit Krypto einen Laptop kaufen oder Mining-Belohnungen erhalten. All diese Vorgänge lösen entweder Kapitalgewinne aus, wenn Sie zu einem höheren Kurs verkaufen als beim Kauf, oder gewöhnliches Einkommen, zum Beispiel beim Erhalt neuer Coins.

Auch sogenannte „kostenlose" Airdrops sind steuerlich relevant. Der Marktwert am Tag des Eingangs in Ihrer Wallet gilt als zu versteuerndes Einkommen. Werden Dienstleistungen in Kryptowährungen bezahlt, ist der erhaltene Betrag zum Zeitpunkt des Zugangs als Einkommen zu versteuern.

Was steuerfrei bleibt

Der Kauf von Kryptowährungen mit Fiat-Geld ist steuerfrei. Auch die Übertragung von Coins zwischen Ihren eigenen Wallets löst keine Steuerpflicht aus. HODLing, also das bloße Halten, bleibt während Marktschwankungen ebenfalls steuerfrei, bis Sie verkaufen, tauschen oder ausgeben.

Überweisungen zwischen eigenen Wallets können für Steuerbehörden zunächst wie Verkäufe aussehen, lassen sich aber durch eine saubere Dokumentation als steuerneutral nachweisen.

Diese Unterscheidung ist zentral, denn sie erleichtert die Buchführung erheblich. Der Knackpunkt: Sie müssen genau wissen, welches Ereignis steuerlich relevant ist und welches nicht.

Da sich Krypto-Transaktionen rasch häufen können, wird es schnell unübersichtlich, steuerpflichtige von steuerfreien Vorgängen zu unterscheiden. Genau hier kann Automatisierung helfen. Statt jede Transaktion manuell zu erfassen, übernimmt spezialisierte Krypto-Steuersoftware die Zuordnung für Sie, damit Sie sich auf Ihre Strategie konzentrieren können.

Kurzfristiges vs. langfristiges Halten

Der Unterschied zwischen einem Verkauf nach 11 Monaten und einem nach 13 Monaten kann steuerlich enorm sein. In den USA gelten Coins, die weniger als ein Jahr gehalten wurden, als kurzfristige Kapitalanlagen und werden mit dem persönlichen Einkommensteuersatz versteuert. Wer in der höchsten Steuerklasse liegt, zahlt bis zu 37 Prozent.

Halten Sie dieselben Coins jedoch länger als zwölf Monate, profitieren Sie von deutlich günstigeren Langfriststeuersätzen, abhängig vom Einkommen mit 0, 15 oder 20 Prozent.

Die Konsequenz für Ihre Strategie: Wenn möglich, halten Sie Ihre Positionen über die Einjahresgrenze hinaus, bevor Sie verkaufen. In vielen Fällen übersteigen die eingesparten Steuern sogar mögliche Kursverluste durch das Abwarten.

Internationale Unterschiede in der Besteuerung von Kryptowährungen

Kein Land behandelt Kryptowährungen steuerlich auf dieselbe Weise. Manche Staaten betrachten sie als Eigentum, andere als finanzielle Investitionen. Diese Einstufung hat direkten Einfluss darauf, wie viel Steuern Sie zahlen müssen. Hier finden Sie einen Überblick über die Regelungen in verschiedenen Ländern:

Vereinigte Staaten

Die IRS stuft Kryptowährungen als Eigentum ein, vergleichbar mit Immobilien oder Aktien, und nicht als tatsächliche Währung. Das bedeutet: Jeder Verkauf, Tausch oder Kauf mit Kryptowährungen kann ein steuerpflichtiges Ereignis darstellen. Kaufen Sie beispielsweise einen Kaffee für 7 Dollar mit Bitcoin, das seit dem Kauf im Wert gestiegen ist? Auch das gilt als steuerlich relevant.

Mining-Belohnungen, Staking-Einnahmen und Airdrops gelten als gewöhnliches Einkommen in dem Moment, in dem Sie sie erhalten, auch wenn Sie sie nie verkaufen. Der Marktwert zum Zeitpunkt des Erhalts bildet Ihre ursprüngliche Berechnungsgrundlage für spätere Kapitalgewinne oder -verluste.

Geschenke bis zu einer Höhe von 19.000 US-Dollar pro Person und Jahr (Stand 2025) können steuerfrei weitergegeben werden. Für größere Beträge ist eine Meldung erforderlich.

Wichtig: Die langfristigen Kapitalertragssteuersätze von 0, 15 oder 20 Prozent, die in den USA gelten, finden in Deutschland keine Anwendung. Dort sind Kapitalgewinne nach einer Haltefrist von einem Jahr steuerfrei (siehe vorheriger Abschnitt).

Vereinigtes Königreich

HMRC verfolgt einen ähnlichen, aber etwas anderen Ansatz. Kapitalertragssteuer fällt beim Verkauf oder Tausch an, während Einkommenssteuer auf Erträge aus Mining oder Staking erhoben wird. Die britischen Steuerbehörden legen großen Wert auf detaillierte Aufzeichnungen, einschließlich Datum, Betrag und beteiligter Parteien bei jeder Transaktion.

Kanada und Australien

In Kanada sind grundsätzlich nur 50 Prozent der Kapitalgewinne steuerpflichtig. Allerdings beobachtet die CRA (Canada Revenue Agency) aufmerksam, ob Sie wie ein Unternehmen oder wie ein Investor agieren, und besteuert entsprechend.

Australien bietet eine kleine Ausnahme: Persönliche Käufe unter 10.000 AUD können steuerfrei sein, sofern sie keinen spekulativen Charakter haben. Die ATO (Australian Taxation Office) behandelt Staking- und Mining-Erträge jedoch weiterhin als steuerpflichtiges Einkommen zum Zeitpunkt des Erhalts.

Krypto-Steuern in Deutschland: Was Sie wissen müssen

In Deutschland werden Kapitalgewinne aus Kryptowährungen anders behandelt als beispielsweise in den USA. Wer hierzulande mit digitalen Vermögenswerten handelt, sollte die deutschen Steuervorschriften gut kennen. Sie unterscheiden sich deutlich von denen anderer Länder und können langfristigen HODLern erhebliche Vorteile verschaffen.

Steuerfrei nach einem Jahr: Die Spekulationsfrist

Der größte Vorteil für deutsche Anleger? Gewinne aus dem Verkauf von Kryptowährungen sind vollständig steuerfrei, wenn die Coins länger als zwölf Monate gehalten wurden. Diese sogenannte Spekulationsfrist (§ 23 EStG) gilt für private Veräußerungsgeschäfte und macht Deutschland besonders attraktiv für langfristig orientierte Investoren.

Verkaufen Sie jedoch innerhalb eines Jahres, ist der gesamte Gewinn steuerpflichtig. Es gilt der persönliche Einkommensteuersatz, der je nach Höhe des Einkommens bis zu 45 Prozent betragen kann. Die Haltedauer entscheidet also über die Steuerfreiheit und kann finanziell einen großen Unterschied machen.

Der 600-Euro-Freibetrag: Kleine Gewinne, große Wirkung

Auch kurzfristige Trader können profitieren, zumindest in begrenztem Umfang. Bleiben Ihre Gewinne aus privaten Veräußerungsgeschäften unter 600 Euro im Jahr, sind sie steuerfrei. Wichtig dabei: Es handelt sich um einen Freibetrag, nicht um eine Freigrenze. Das bedeutet, dass bei einem Gewinn von 601 Euro der gesamte Betrag steuerpflichtig wird, nicht nur der übersteigende Euro.

Der Tausch ist nicht steuerfrei

Ein häufiger Irrtum: Viele glauben, der Tausch von Kryptowährungen – etwa Bitcoin gegen Ethereum – sei steuerneutral. Tatsächlich gilt in Deutschland jeder Tauschvorgang als steuerpflichtiger Verkauf. Auch das Bezahlen mit Kryptowährungen, zum Beispiel beim Online-Shopping, löst steuerlich relevante Vorgänge aus. Kryptowährungen werden vom Finanzamt nicht als gesetzliches Zahlungsmittel anerkannt, zumindest nicht im steuerlichen Kontext.

Mining, Staking und Airdrops: Wenn Einkommen generiert wird

Nicht alle Krypto-Einnahmen entstehen durch Kauf und Verkauf. In Deutschland gelten Einnahmen aus dem Mining in der Regel als

Betriebseinnahmen. Sie unterliegen der Einkommensteuer und gegebenenfalls auch der Gewerbesteuer.

Staking-Belohnungen werden, abhängig von der konkreten Ausgestaltung, unterschiedlich behandelt. Viele Finanzämter stufen sie als Kapitalerträge ein, andere sehen sie als sonstige Einkünfte. Dieser Bereich befindet sich noch in der rechtlichen Entwicklung und könnte sich künftig weiter verändern.

Auch Airdrops können steuerpflichtig sein. Wenn Sie Coins kostenlos erhalten, etwa zur Förderung eines neuen Projekts, kann der Marktwert zum Zeitpunkt des Erhalts als sonstiges Einkommen gelten und entsprechend versteuert werden.

Dokumentation ist alles

Egal, ob Sie nur gelegentlich oder täglich handeln – eine saubere Dokumentation ist unerlässlich. Das Finanzamt möchte genau wissen:

- Wann haben Sie welche Coins gekauft oder erhalten?
- Zu welchem Preis?
- Welche Gebühren sind angefallen?
- Auf welcher Plattform fand der Handel statt?

Fehlen diese Informationen, kann das Finanzamt den Gewinn schätzen. Das führt in der Regel zu einem höheren Gewinn und damit zu einer höheren Steuerlast.

Berechnung Ihres Gewinns oder Verlusts

Die Berechnung beginnt mit Ihrer sogenannten Anschaffungsbasis, also dem ursprünglich gezahlten Betrag inklusive aller Gebühren. Ziehen Sie diesen Betrag vom Verkaufspreis ab, um den zu versteuernden Gewinn oder gegebenenfalls den abzugsfähigen Verlust zu ermitteln.

Doch welche Coins haben Sie tatsächlich verkauft? Angenommen, Sie haben Bitcoin zu 10.000, 30.000 und 40.000 US-Dollar gekauft und später einen Teil davon zu 50.000 US-Dollar verkauft. Dann hängt Ihre Steuerlast entscheidend davon ab, welchem Kauf Sie den Verkauf zuordnen:

- **FIFO (First-In, First-Out):** Standardmethode in Deutschland. Die ältesten Coins zu 10.000 Dollar gelten als zuerst verkauft. Das ergibt einen steuerpflichtigen Gewinn von 40.000 Dollar.
- **LIFO (Last-In, First-Out):** Die zuletzt gekauften Coins zu 40.000 Dollar gelten als zuerst verkauft. Das ergibt einen Gewinn von 10.000 Dollar.
- **HIFO (Highest-In, First-Out):** Die teuersten Coins werden zuerst verkauft. Dadurch lässt sich der steuerpflichtige Gewinn minimieren.

Die Wahl der Methode kann einen Unterschied von mehreren tausend Euro ausmachen. In den meisten Ländern ist Konsistenz vorgeschrieben. Entscheiden Sie sich also bewusst für eine Methode und bleiben Sie dabei.

Automatisierung Ihrer Krypto-Steuererklärung

Wer mehr als nur ein paar Trades durchführt, stößt mit manueller Buchführung schnell an Grenzen. Jeder Tausch, jeder Kauf und jede Staking-Belohnung muss einzeln dokumentiert werden. Selbst bei moderater Aktivität kommen schnell hunderte steuerrelevante Vorgänge im Jahr zusammen. Eine spezialisierte Krypto-Steuersoftware kann hier erheblich entlasten.

Beliebte Tools wie **Blockpit**, **CoinTracking** oder **Accointing** sind auf den deutschsprachigen Markt zugeschnitten. Sie berücksichtigen die deutschen Steuerregelungen, liefern Finanzamts-kompatible Berichte und lassen sich direkt mit Börsen wie Binance, Bitpanda oder Coinbase verknüpfen. Im Vergleich zu internationalen Anbietern wie **Koinly** oder **ZenLedger** sind sie oft besser an lokale Vorschriften und Haltefristen angepasst.

Diese Programme erfassen automatisch Ihre Transaktionshistorie, berechnen Gewinne und Verluste und erstellen fertige Steuerformulare. Einige decken sogar komplexe DeFi-Vorgänge und NFT-Trades ab, die viele andere Tools nicht erfassen.

Die eingesparte Zeit rechtfertigt in den meisten Fällen die Kosten des Abonnements. Noch wichtiger ist jedoch: Diese Tools können Transaktionen aufdecken, die Sie möglicherweise übersehen haben. So lassen sich hohe Nachzahlungen oder Strafen vermeiden.

Was passiert, wenn Sie erwischt werden?

Weltweit nehmen Steuerbehörden Kryptowährungen zunehmend ins Visier. In Deutschland ist klar: Die Zeiten, in denen man unbemerkt bleiben konnte, sind vorbei. Immer häufiger fordern Finanzämter Daten von Krypto-Börsen an und gleichen diese mit den Steuererklärungen ab. Technisch ist es mittlerweile möglich, Transaktionen über Wallets und Börsen hinweg nachzuvollziehen.

Viele glauben fälschlicherweise, dass selbstverwaltete Wallets für das Finanzamt unsichtbar sind. Tatsächlich hinterlassen jedoch Transaktionen von und zu Bankkonten oder Börsen nachverfolgbare Spuren. Sobald größere Beträge bewegt oder Gewinne erzielt werden, können die Behörden eingreifen.

Wer es versäumt, Krypto-Einkommen zu melden, riskiert ernsthafte Konsequenzen: Vorsätzliche Steuerhinterziehung kann nach § 370 AO mit Geldstrafen oder sogar Freiheitsstrafen geahndet werden. Auch bei grober Fahrlässigkeit kann eine Schätzung gemäß § 162 AO erfolgen – oft zum Nachteil des Steuerpflichtigen.

Wichtig: Eine rechtzeitige Selbstanzeige kann möglicherweise Strafen abwenden, wenn sie vollständig und korrekt ist. Wenn Sie unsicher sind, ist es ratsam, frühzeitig einen spezialisierten Steuerberater zu konsultieren.

Die einfache Lösung? Melden Sie alle relevanten Krypto-Aktivitäten – auch wenn Sie derzeit nicht zahlen können. Das Finanzamt bietet Ratenzahlungen und Korrekturmöglichkeiten an. Wer jedoch nichts meldet, riskiert Geldstrafen, Prüfungen und im schlimmsten Fall strafrechtliche Konsequenzen.

Vorbereitung Ihrer Krypto-Steuerunterlagen

Ordentliche Aufzeichnungen können den Unterschied zwischen einer reibungslosen Steuererklärung und einem stressigen Papierkram-Albtraum ausmachen. Die Finanzbehörden möchten Ihre vollständige Transaktionshistorie sehen, nicht nur Zusammenfassungen.

Was Sie sammeln müssen

Zuerst sollten Sie die Transaktionshistorie von jeder Börse herunterladen, die Sie genutzt haben. Plattformen wie Coinbase und Binance bieten Steuerberichte an – diese sollten jedoch sorgfältig überprüft werden. Oftmals fehlen Überweisungen zwischen Ihren eigenen Wallets oder es gibt andere Lücken.

Behalten Sie den Überblick über alle Kryptowährungen, die Sie als Bezahlung für Arbeit, Mining-Belohnungen oder Airdrops erhalten haben. Bei NFTs sollten Sie sowohl die Kauf- als auch die Verkaufsdaten sowie alle damit verbundenen Gebühren dokumentieren.

Eine besonders herausfordernde Aufgabe ist die Bestimmung der Anschaffungskosten für jede Transaktion. Ohne diesen Ausgangspunkt können Sie Ihre Gewinne oder Verluste nicht genau berechnen.

Einige Börsen stellen Form 1099 (z. B. 1099-MISC oder 1099-B) zur Verfügung, doch die Meldepraktiken variieren und decken möglicherweise nicht alle Informationen zu Gewinnen und Verlusten ab. Gehen Sie nicht davon aus, dass diese Formulare alles enthalten, was die Steuerbehörden benötigen.

Die Zeitfalle der Aufzeichnungen

Der größte Fehler, den neue Krypto-Investoren machen, ist, mit der Organisation ihrer Aufzeichnungen bis zur Steuersaison zu warten. Beginnen Sie vom ersten Tag an mit der Nachverfolgung. Richten Sie eine einfache Tabelle ein oder nutzen Sie Software, um jede Transaktion zeitnah zu protokollieren. Zehn Minuten pro Woche können Ihnen später Stunden der Frustration und möglicherweise Tausende Euro an Steuervorteilen ersparen.

Wenn Sie bereits im Rückstand sind, reservieren Sie ein ganzes Wochenende, um aufzuholen, bevor Sie Ihren Steuerberater kontaktieren. Die meisten berechnen hohe Gebühren, wenn sie sich durch unorganisierte Unterlagen arbeiten müssen – falls sie den Fall überhaupt übernehmen.

Professionelle Hilfe zahlt sich aus

Wenn alles überwältigend erscheint, ist es am besten, einen Steuerberater zu konsultieren, der sich sowohl mit Kryptowährungen als auch mit Steuerrecht auskennt. Das spart oft mehr, als es kostet.

Fragen Sie gezielt nach Erfahrungen mit DeFi-Protokollen, der Besteuerung von Staking und NFT-Transaktionen. Ein guter Krypto-Steuerexperte bleibt über neue Vorschriften auf dem Laufenden und kann Ihnen helfen, Strategien zu entwickeln, die zu Ihren Investitionszielen passen.

Neben der Einhaltung aller Vorschriften lohnt es sich, legale Möglichkeiten zur Reduzierung Ihrer Steuerlast zu prüfen.

Möglichkeiten, legal Steuern zu sparen

Auch wenn Steuern oft lästig erscheinen, lassen sie sich reduzieren. Ohne Tricks. Ohne Stress. Der Schlüssel ist, die Regeln zu kennen und einfache, bewusste Entscheidungen zu treffen.

1. Die Haltedauer nutzen

Wer Coins länger als zwölf Monate hält, zahlt keine Steuern auf den Gewinn. Das gilt für private Veräußerungsgeschäfte (§ 23 EStG).

Beispiel: Sie verkaufen ETH nach 13 Monaten statt nach 11. Der Unterschied? Der gesamte Gewinn bleibt steuerfrei. Besonders bei größeren Summen zählt jeder Monat.

Planen Sie also im Voraus. Notieren Sie sich, wann Sie gekauft haben. Behalten Sie den Überblick über Ihre Einstiegskurse. Das wird später enorm helfen.

2. Verluste richtig nutzen

Verluste sind frustrierend, aber sie können nützlich sein.

Wenn Sie BTC mit Gewinn verkaufen, aber SOL mit Verlust, können Sie den Gewinn ausgleichen – solange Sie die Verluste im selben Jahr geltend machen. Wichtig: Verluste zählen nur, wenn Sie die Coins tatsächlich veräußern.

Nur halten reicht nicht. Sie müssen die verlustreiche Position aktiv liquidieren.

Dokumentieren Sie alles: Datum, Betrag, Plattform. So können Sie gegenüber dem Finanzamt sauber argumentieren.

3. Für den Ernstfall vorsorgen

Niemand denkt gerne darüber nach. Aber was passiert, wenn Sie plötzlich keinen Zugriff mehr auf Ihr Wallet haben?

Viele Familien verlieren Krypto-Vermögen, weil niemand darüber Bescheid wusste oder die Zugangsdaten fehlten.

Schützen Sie sich:

- Wer kennt Ihre Seed Phrase?
- Gibt es einen Hinweis in Ihrem Testament?
- Haben Sie einen Plan, der im Notfall greift?

Eine einfache Notiz reicht aus. Wichtig ist, dass sie getrennt vom Schlüssel aufbewahrt wird – und dass jemand weiß, wie alles zusammenpasst.

Sie investieren Zeit und Geld in Ihre Coins. Sorgen Sie dafür, dass sie nicht verloren gehen.

Dieses Kapitel hat uns in komplexere Themen eingeführt. Lassen Sie uns diese Reise im nächsten Kapitel fortsetzen und einige fortgeschrittene Krypto-Investitionstechniken erkunden.

Bevor wir weitermachen, hier noch Antworten auf häufig gestellte Fragen zur Besteuerung von Kryptowährungen.

Häufig gestellte Fragen zur Krypto-Besteuerung (FAQ)

F: Es werden ausländische Börsen wie Kraken oder Bybit genutzt. Müssen trotzdem in Deutschland Steuern gezahlt werden?

A: Ja. Solange Sie in Deutschland steuerlich ansässig sind, sind alle weltweiten Einkünfte – einschließlich ausländischer Kryptogewinne – steuerpflichtig. Dies gilt unabhängig davon, ob Sie deutsche oder ausländische Plattformen nutzen. Viele Finanzämter fordern inzwischen Daten von internationalen Börsen an. Daher sollten Sie diese Transaktionen sorgfältig dokumentieren.

F: Wann wird eine Krypto-Aktivität als „gewerblich" eingestuft?

A: Wenn Sie häufig handeln, hohe Volumina generieren, regelmäßig minen oder professionell staken, kann das Finanzamt Ihre Tätigkeit als gewerblich einstufen. Dies hat weitreichende Folgen: Es gelten andere steuerliche Regelungen (z. B. Gewerbesteuer, Buchführungspflichten). Die Einstufung hängt vom Einzelfall ab. Im Zweifel sollten Sie einen Steuerberater konsultieren.

F: Gilt die einjährige Spekulationsfrist auch für gestakte Coins?

A: Das hängt davon ab, wie das Staking durchgeführt wird. In vielen Finanzämtern beginnt die Spekulationsfrist neu, wenn gestakte Coins zurückkehren – ähnlich wie beim Lending. Es gibt hierzu noch keine bundesweit einheitliche Regelung. Daher sollten Sie die Auslegung Ihres zuständigen Finanzamts berücksichtigen oder sich rechtlich beraten lassen.

F: Gilt diese Steuerregelung auch in Österreich oder der Schweiz?

A: Die hier vorgestellten Regeln gelten für Deutschland. In Österreich gibt es seit 2022 neue Regelungen, bei denen Kryptogewinne in vielen Fällen wie Kapitalerträge behandelt werden – mit Pauschalbesteuerung. In der Schweiz sind Krypto-Gewinne für Privatpersonen in vielen Fällen steuerfrei, allerdings müssen Vermögenswerte gemeldet werden. Bitte prüfen Sie die lokalen Gesetze oder konsultieren Sie einen regionalen Experten.

F: Welche Methode zur Berechnung von Gewinnen wird in Deutschland bevorzugt – FIFO, LIFO oder HIFO?

A: In Deutschland ist keine bestimmte Methode gesetzlich vorgeschrieben, solange Sie sie konsequent anwenden und alles ordnungsgemäß dokumentieren. FIFO (First-In, First-Out) ist die am weitesten verbreitete Methode und der Standard in vielen Steuertools. Im Zweifel sollten Sie einen Steuerberater konsultieren.

10 FORTGESCHRITTENE STRATEGIEN & STEUEROPTIMIERTES INVESTIEREN

Sind Sie bereit, über das bloße Kaufen und Halten von Krypto hinauszugehen? Es gibt fortgeschrittene Techniken, mit denen Sie Ihre Renditen erheblich steigern und gleichzeitig das Risiko im Griff behalten können. Dieses Kapitel erläutert Strategien, die professionelle Krypto-Investoren nutzen, die jedoch selten in öffentlichen Foren diskutiert werden: das systematische Rebalancing Ihres Portfolios zur Absicherung von Gewinnen, der strategische Einsatz von Hebel, wenn die Chancen zu Ihren Gunsten stehen, das frühzeitige Erkennen vielversprechender neuer Kryptowährungen, bevor sie explosionsartig an Wert gewinnen, und die Nutzung Ihrer Vermögenswerte zur Generierung passiven Einkommens über Smart Contracts. Diese praxisnahen Ansätze können Ihre Herangehensweise an digitale Assets grundlegend verändern.

Portfolio-Rebalancing

Ihr Krypto-Portfolio ist wie eine Pflanze. Es wächst ungleichmäßig und benötigt regelmäßige Pflege, um gesund zu bleiben. Genau hier setzt das Rebalancing an. Im Wesentlichen geht es darum, Disziplin zu bewahren – auch wenn Emotionen die Kontrolle übernehmen wollen. Sie verkaufen einige Ihrer Gewinner (ja, auch jene, die gerade noch an

Wert gewinnen) und kaufen mehr von den Nachzüglern. Klingt kontraintuitiv, nicht wahr? Aber genau dieser unkonventionelle Ansatz hilft, Ihr Risikoniveau im Gleichgewicht zu halten und verhindert, dass ein einzelner, stark ansteigender Vermögenswert Ihr Portfolio dominiert.

Warum Rebalancing wichtig ist

Ohne Rebalancing kann ein sorgfältig diversifiziertes Portfolio leicht zu einer riskanten Wette auf einen einzigen Token werden. Es gibt zahlreiche Beispiele von Investoren, die mit einem ausgewogenen Ansatz begonnen haben und letztlich 70 % ihres Portfolios in einem einzigen Vermögenswert hielten – nur weil dieser vorübergehend gut lief. Als dieser Vermögenswert dann abstürzte, waren Jahre an Gewinnen verloren.

- **Risikokontrolle:** Rebalancing verhindert eine übermäßige Konzentration auf hochriskante Anlagen, indem Gewinne in stabilere Investitionen umgeschichtet werden.
- **Gewinnrealisierung:** Es stellt sicher, dass Gewinne aus boomenden Vermögenswerten realisiert werden, bevor mögliche Kurseinbrüche eintreten.
- **Vermeidung von Markttrends:** Diszipliniertes Investieren wird gefördert, anstatt auf emotionale Marktschwankungen zu reagieren.
- **Strategietreue:** Es hält das Portfolio im Einklang mit Ihren langfristigen finanziellen Zielen.

Im Laufe der Zeit hilft Rebalancing, extreme Schwankungen zu glätten, sodass Sie Verlustrisiken besser managen können, während Sie gleichzeitig von positiven Marktentwicklungen profitieren.

Eine funktionierende Rebalancing-Strategie festlegen

Verfallen Sie nicht dem Rebalancing-Aktionismus, bei dem Sie ständig Kurse prüfen und Ihre Allokationen anpassen. Dieser Ansatz führt nur zu Stress und übermäßigem Handeln und erweist sich langfristig als kontraproduktiv. Wählen Sie stattdessen eine Rebalancing-Strategie, die Sie dauerhaft umsetzen können.

Die meisten erfolgreichen Krypto-Investoren nutzen einen der folgenden Ansätze:

- **Schwellenwertbasiertes Rebalancing:** Setzen Sie Toleranzbänder für jeden Vermögenswert (z. B. ±5 % von Ihrem Zielwert). Wächst Bitcoin beispielsweise von Ihrem Zielwert von 40 % auf über 45 % Ihres Portfolios, verkaufen Sie einen Teil und verteilen ihn um. Einfach, aber wirkungsvoll.
- **Zeitbasiertes Rebalancing:** Markieren Sie Ihren Kalender für monatliche, vierteljährliche oder jährliche Portfolio-Überprüfungen. So vermeiden Sie zwanghaftes Chart-Watching, das viele Krypto-Investoren in den Wahnsinn treibt. An Ihrem festgelegten Tag passen Sie alles wieder auf Ihre Zielprozentsätze an – unabhängig von den aktuellen Marktbedingungen.
- **Algorithmisches und automatisiertes Rebalancing:** Nutzen Sie technische Lösungen, um sich Arbeit abzunehmen. Plattformen wie Shrimpy bieten automatisches Rebalancing nach Ihren Vorgaben. 3Commas stellt botgesteuerte Tools bereit, mit denen Sie Ihre Allokationen im Blick behalten können.

Kein Ansatz passt für alle. Ein Daytrader könnte schwellenwertbasiertes Rebalancing bevorzugen, während jemand mit einem Vollzeitjob außerhalb des Kryptobereichs vierteljährliches Rebalancing oder automatisierte Lösungen wählen würde.

Praktische Rebalancing-Szenarien

Lassen Sie uns einige reale Beispiele betrachten, wie Rebalancing in der Praxis ablaufen kann:

- **Das Bitcoin-Ausbruchsszenario:** Sie starten mit einer Verteilung von 40 % in Bitcoin, 30 % in Ethereum und 30 % in Stablecoins. Dann legt Bitcoin einen fulminanten Sprint hin und macht plötzlich 60 % Ihres Portfolios aus. Ihr Bauchgefühl schreit: „Lassen Sie es laufen!“, aber Ihre Rebalancing-Strategie sagt etwas anderes. Sie verkaufen einen Teil Ihrer Bitcoin-Bestände und verteilen die Erlöse auf ETH und Stablecoins, um Ihre ursprüngliche Allokation wiederherzustellen. Einen Monat später, als Bitcoin um 20 % nachgibt (was in Bullenmärkten häufig vorkommt), haben Sie Ihre Gewinne bereits gesichert.

- **Das Sektor-Rotationsspiel:** Ihr Portfolio besteht hauptsächlich aus Layer-1-Blockchains wie Ethereum, Solana und Avalanche. Doch Sie bemerken, dass sich DeFi-Token besser entwickeln. Anstatt Ihre Strategie komplett umzustellen, rebalancieren Sie gezielt, indem Sie einen Teil Ihrer Layer-1-Bestände in ausgewählte DeFi-Projekte umschichten. Dieser kontrollierte Ansatz ermöglicht es Ihnen, vom heißen Sektor zu profitieren, ohne sich vollständig auf einen Trend zu verlassen, der sich möglicherweise wieder umkehrt.
- **Der Risikoreduktions-Realitäts-Check:** Sie beginnen mit 50 % in Altcoins und 50 % in Bitcoin und Stablecoins. Durch eine Altcoin-Rallye verschiebt sich diese Allokation auf 70 % in Altcoins. Die Begeisterung wächst, aber ebenso das Risiko. Indem Sie zu Ihrer ursprünglichen 50/50-Verteilung zurückkehren, sichern Sie Altcoin-Gewinne und stellen sicher, dass eine größere Korrektur Ihr Portfolio nicht gefährdet. Ihre Freunde könnten Sie für verrückt halten, weil Sie während einer Rallye verkaufen – aber Sie werden sich dankbar sein, wenn der unvermeidliche Abschwung eintritt.

Es ist leicht, anzunehmen, dass eine gut laufende Anlage ihren Aufwärtstrend endlos fortsetzen wird. Sichern Sie Ihre Gewinne, solange Sie können. Das führt zu besseren langfristigen Ergebnissen.

Steuerüberlegungen beim Rebalancing

Und da ist es wieder: das Thema Steuern. Jedes Mal, wenn Sie durch den Verkauf von Vermögenswerten ein Rebalancing vornehmen, kann ein steuerpflichtiges Ereignis entstehen. Die Folgen hängen stark davon ab, in welchem Land Sie leben.

Einige wichtige Punkte, die Sie beachten sollten:

- Machen Sie sich mit den Regeln Ihres Landes für kurzfristige und langfristige Kapitalgewinne vertraut.

- Führen Sie sorgfältige Aufzeichnungen über die Anschaffungskosten Ihrer Kryptoeinkäufe.
- Ziehen Sie steuerbegünstigte Konten in Betracht.
- Informieren Sie sich über „tax loss harvesting“.

Nutzung von Smart-Contract-Plattformen für passives Einkommen

Werfen wir einen Blick auf drei Hauptstrategien, mit denen Sie über Smart-Contract-Plattformen regelmäßige Erträge erzielen können, ohne ständig Kursverläufe zu beobachten.

Staking: Das digitale Pendant zu verzinsten Sparkonten

Staking ist eine beliebte Einstiegsmethode für passives Einkommen im Kryptobereich. Sie legen Token an, um ein Blockchain-Netzwerk zu sichern, und erhalten im Gegenzug Belohnungen.

So funktioniert es: Proof-of-Stake-Blockchains benötigen Token-Inhaber, die Transaktionen validieren. Indem Sie Ihre Token einsetzen, werden Sie zu einer Art Mini-Bank, die Netzwerkaktivitäten unterstützt. Als Gegenleistung erhalten Sie zusätzliche Token. Je nach Blockchain liegt die jährliche Rendite in der Regel zwischen 4 und 15 Prozent.

Beliebte Staking-Optionen:

- **Ethereum:** derzeit etwa 3-5 % APY
- **Cosmos:** ungefähr 8-12 % APY
- **Solana:** rund 6-11 % APY
- **Polkadot:** etwa 10-14 % APY

Der Vorteil von Staking liegt in seiner Einfachheit. Wenn Sie zum Beispiel 10 ETH staken und 5 Prozent im Jahr erhalten, haben Sie nach einem Jahr 10,5 ETH. Nach zwei Jahren wären es 11,025 ETH, ohne dass Sie zusätzlich etwas tun müssten.

Der Nachteil: Ihre Token sind häufig für eine bestimmte Zeit gesperrt. Wenn die Kurse in dieser Phase fallen, können Sie nicht reagieren und müssen tatenlos zusehen, wie Ihr Vermögen an Wert verliert.

Vielleicht fragen Sie sich: „Warum sollte ich meine Krypto staken, wenn ich gar kein Validator sein will?" Die gute Nachricht ist: Das müssen Sie nicht. Viele zentrale Börsen bieten die Möglichkeit, Ihre Token ohne technisches Vorwissen zu staken. Dabei werden Ihre Coins mit denen anderer Nutzer in einem Staking-Pool gebündelt. Die Börse betreibt eigene Validatoren oder delegiert an vertrauenswürdige Partner. Die Belohnungen aus der Netzwerksicherung werden anteilig an Sie ausgeschüttet. Die Auszahlung erfolgt meist automatisch und ähnelt der Verzinsung eines Sparkontos.

Liquiditätspools: Banking für die Krypto-Wirtschaft

Dezentralisierte Börsen setzen auf Liquidity Pools, also Sammlungen gepaarter Vermögenswerte, um den Handel zu erleichtern. Wenn Sie Ihre Token diesen Pools hinzufügen, erhalten Sie einen Anteil an jedem Handel, der Ihre Liquidität nutzt.

Zum Beispiel: Wenn Sie gleiche Beträge von ETH und USDC zu einem Uniswap-Pool hinzufügen, profitieren Sie von den Handelsgebühren, die Händler zahlen, wenn sie zwischen diesen Vermögenswerten wechseln. Aktive Pools auf großen DEXs können, abhängig vom Handelsvolumen, Renditen von 5 bis über 30 Prozent jährlich generieren.

Wichtige Plattformen zur Bereitstellung von Liquidität umfassen:

- **Uniswap** auf Ethereum
- **PancakeSwap** auf der BNB Chain
- **Curve Finance** für Stablecoin-Paare
- **Balancer** für Multi-Asset-Pools

Was ist der eigentliche Reiz? Im Gegensatz zum traditionellen Finanzwesen, wo Banken die Differenz zwischen Einlagen- und Kreditzinsen vereinnahmen, profitieren Sie in DeFi direkt von diesem Wert. Sie werden selbst zur Bank.

Yield Farming: Komplexe Multi-Layer-Strategien

Wenn Staking einem Sparkonto ähnelt und Liquidity Pools dem Betreiben einer Bank, dann ist Yield Farming vergleichbar mit dem Management eines Hedgefonds. Es geht darum, Vermögenswerte strategisch zwischen verschiedenen Protokollen zu verschieben, um gleichzeitig Erträge aus mehreren Quellen zu maximieren.

Eine grundlegende Yield-Farming-Strategie könnte so aussehen:

- Stablecoins bei Aave als Sicherheit hinterlegen
- Einen weiteren Vermögenswert gegen Ihre Sicherheit ausleihen
- Den geliehenen Vermögenswert in einen Liquidity Pool mit hohen Belohnungen einbringen
- Liquiditätsgebühren plus zusätzliche Token-Anreize sammeln

Bei korrekter Ausführung kann Yield Farming erstaunliche jährliche Prozentsätze (APYs) generieren, manchmal im dreistelligen Bereich. Doch diese Erträge kommen mit zusammengesetzten Risiken und erfordern häufige Portfolioanpassungen.

Risiken, die Sie nicht ignorieren können

Die oben genannten passiven Einkommensstrategien klingen auf dem Papier äußerst verlockend. Doch sie bergen Risiken, die von YouTube-Influencern gerne übersehen werden, wenn sie für ihre Lieblingsplattformen werben.

Das Problem der Smart-Contract-Sicherheitslücken

Vergessen Sie nicht unsere vorherige Diskussion über die Herausforderungen mit Smart Contracts. DeFi-Protokolle basieren auf Code, und dieser Code kann Schwachstellen aufweisen. Allein im Jahr 2022 wurden von Hackern über 3 Milliarden Dollar von DeFi-Protokollen durch verschiedene Schwachstellen gestohlen. Wenn Smart Contracts versagen, geschieht das oft mit katastrophalen Folgen – Nutzer verlieren dann 100 Prozent ihrer eingezahlten Gelder.

Selbst geprüfte Projekte sind nicht gefeit. Mehrere als „sicher“ und „geprüft“ deklarierte Protokolle wurden durch neuartige Angriffsvektoren gehackt. Ihr bester Schutz: Diversifikation über Plattformen hinweg und die Einhaltung grundlegender Sicherheitspraktiken.

Das Verstehen von impermanentem Verlust

Dieses kontraintuitive Konzept überrascht viele Liquiditätsanbieter. Wenn Sie ein ETH/USDC-Paar einzahlen und der ETH-Preis sich verdoppelt, hätten Sie besser daran getan, einfach nur ETH zu halten, anstatt Liquidität bereitzustellen.

Warum? Weil der Pool bei steigendem ETH-Preis automatisch einige Ihrer ETH gegen USDC verkauft, um das Gleichgewicht zu wahren. Wenn Sie auszahlen, haben Sie mehr USDC, aber weniger ETH als zu Beginn – und verpassen so einen Teil der ETH-Preissteigerung.

Je volatiler das Vermögenswertepaar und je größer die Preisbewegung, desto größer der impermanente Verlust. Zwar minimieren Stablecoin-Paare wie USDC/DAI dieses Risiko, bieten jedoch geringere Renditen.

Der Ertragsirrtum

Viele Projekte bieten vorübergehend unhaltbare Renditen, um Liquidität anzuziehen. Eine neue DEX könnte 300 Prozent APY durch Token-Anreize bieten, aber diese Raten sinken zwangsläufig, sobald mehr Kapital einfließt oder Token-Preise fallen.

Fragen Sie sich: Woher kommen diese Renditen eigentlich? Wenn die Antwort „nur frisch geprägte Token“ lautet, sollten Sie skeptisch gegenüber der langfristigen Nachhaltigkeit sein.

Regulatorische Unsicherheit

Regierungen weltweit richten zunehmend ihren Fokus auf DeFi. Ein regulatorisches Durchgreifen könnte bestimmte Protokolle oder Strategien stark beeinflussen. Bleiben Sie über Entwicklungen in Ihrer Gerichtsbarkeit informiert und berücksichtigen Sie das regulatorische Risikoprofil verschiedener Plattformen.

Die Frage der Nachhaltigkeit

Einige Kritiker argumentieren, dass die aktuellen DeFi-Erträge künstlich aufgebläht sind und im Laufe der Marktreifung unweigerlich sinken werden. Sie haben einen Punkt. Viele Erträge stammen aus Token-Anreizen, die nicht ewig aufrechterhalten werden können.

Das Gegenargument? Das traditionelle Finanzwesen zieht enorme Werte durch Mittelsmänner, Gebühren und undurchsichtige Strukturen ab. DeFi verteilt diesen Wert an die Teilnehmer. Während 100-Prozent-APYs wahrscheinlich verschwinden werden, könnte die Effizienz der dezentralen Finanzen die Erträge langfristig deutlich höher halten als traditionelle Investitionen.

Tipps für den Einstieg

Wenn Sie vom passiven Einkommenspotenzial der Smart Contracts fasziniert sind, finden Sie hier einige Tipps, um erste Schritte zu unternehmen, ohne gleich ins kalte Wasser zu springen:

1. Beginnen Sie mit einfachem Staking auf großen Plattformen wie Ethereum oder Cosmos.

2. Nutzen Sie etablierte Protokolle mit einer bewährten Erfolgsbilanz, bevor Sie neuere Plattformen ausprobieren.

3. Setzen Sie niemals Mittel ein, die Sie im Notfall benötigen könnten.

4. Verteilen Sie Ihr Kapital auf mehrere Strategien und Plattformen, um das Risiko zu streuen.

5. Verwenden Sie Tools wie DeBank oder Zapper, um Ihre Positionen über verschiedene Protokolle hinweg zu verfolgen.

6. Setzen Sie Kalendererinnerungen, um die Leistung zu überprüfen und Belohnungen zu kumulieren.

Denken Sie daran: Oft schlägt die Schildkröte den Hasen. Konsistente Renditen von 8–12 % mit minimalem Risiko können langfristig erfolgreicher sein als das Streben nach 100 %+ Renditen, die über Nacht verschwinden oder zum Totalverlust führen können.

Die wertvollsten Erträge sind diejenigen, die Sie tatsächlich behalten.

Ein praktisches Beispiel: Aufbau eines passiven Einkommensportfolios

Sehen wir uns an, wie das in der Praxis aussehen könnte. Stellen Sie sich vor, Sie verfügen über 10.000 $, die Sie in passive Einkommensstrategien investieren möchten.

Konservative Vorgehensweise (10.000 $):

- 5.000 $ in Ethereum-Staking (5 % APY)
- 3.000 $ in USDC/DAI-Liquidität auf Curve (3-8 % APY)
- 2.000 $ in Bitcoin auf einer Kreditplattform wie Celsius (3-6 % APY)
- Erwartete jährliche Rendite: 450-700 $ (4,5-7 %)
- Risikoniveau: Mäßig

Ausgewogene Vorgehensweise (10.000 $):

- 3.000 $ in Ethereum-Staking (5 % APY)
- 3.000 $ in ETH/USDC-Liquidität auf Uniswap (10-20 % APY)
- 2.000 $ in Stablecoin-Lending auf Aave (3-10 % APY)
- 2.000 $ in Mid-Cap-Token-Staking (Cosmos, Polkadot, etc. mit 10-14 % APY)
- Erwartete jährliche Rendite: 750-1.400 $ (7,5-14 %)
- Risikoniveau: Mittel-Hoch

Aggressive Vorgehensweise (10.000 $):

- 2.000 $ in Ethereum-Staking (5 % APY)
- 3.000 $ in Liquidity für vielversprechende neue DeFi-Protokolle (20-80 % APY)
- 3.000 $ in aktive Yield-Farming-Strategien (15-100 % APY)
- 2.000 $ in Governance-Token-Staking für aufstrebende Protokolle (10-30 % APY)
- Erwartete jährliche Rendite: 1.300-4.500 $ (13-45 %)
- Risikoniveau: Sehr hoch

Diese Beispiele sind bewusst vereinfacht dargestellt. In der Praxis erfordert die Umsetzung eine fundierte Protokollrecherche und regelmäßige

Überwachung. Je höher die potenzielle Rendite, desto mehr aktive Verwaltung ist notwendig.

Passives Einkommen durch Smart Contracts zu erzielen, ist eine wirkungsvolle Möglichkeit, Ihre Vermögenswerte für Sie arbeiten zu lassen. Doch der Kryptomarkt steht nie still. Während Ihr Kapital im Hintergrund wächst, lohnt es sich, den Blick nach vorn zu richten: Welche Trends zeichnen sich ab? Welche Projekte könnten als Nächstes durchstarten?

Der eigentliche Vorteil liegt darin, Marktveränderungen frühzeitig zu erkennen und aufstrebende Entwicklungen zu identifizieren, bevor sie im Mainstream ankommen. Lassen Sie uns darüber sprechen, wie Sie sich optimal auf die nächste Phase vorbereiten können.

Vorbereitung auf die nächste Marktentwicklung

Die Revolution von morgen beginnt bereits heute – in GitHub-Repositories und Entwickler-Discord-Kanälen. Investoren, die diese Veränderungen frühzeitig erkennen, erzielen nicht nur Gewinne, sondern vermeiden auch katastrophale Verluste, wenn veraltete Technologien scheitern.

Denken Sie an diejenigen, die das Potenzial von DeFi Anfang 2020 erkannten, noch bevor es im Sommer an Fahrt gewann. Oder an NFT-Sammler, die digitale Kunst erwarben, bevor Prominente auf den Zug aufsprangen. Oder an jene, die auf Stablecoins setzten, bevor der Crash 2022 eintrat. Den Marktveränderungen voraus zu sein, ist nicht nur profitabel – es schützt auch.

Die Stimmungsschwankungen des Marktes lesen

Die Stimmung auf dem Kryptomarkt wandelt sich wie das Wetter – manchmal allmählich, manchmal abrupt. Diese psychologischen Strömungen lenken die Kapitalflüsse zwischen verschiedenen Sektoren und Ansätzen:

In Bullenmärkten fließt das Geld von Bitcoin zu Large-Caps, dann zu Mid-Caps, weiter zu Small-Caps und schließlich zu den risikoreichsten Mikrocap-Projekten. Die FOMO treibt Investoren dazu, immer spekulativere Möglichkeiten zu verfolgen.

In Bärenmärkten kehrt sich dieser Prozess um. Kapital flüchtet zurück in die Sicherheit großer Projekte, zu Ethereum, zu Bitcoin und schließlich zu Stablecoins. Die Angst, alles zu verlieren, überwiegt die FOMO.

Das sind massenpsychologische Verschiebungen, die sich als Preisänderungen manifestieren. Und sie wiederholen sich mit erstaunlicher Regelmäßigkeit. Zu wissen, wo Sie sich in diesem Zyklus befinden, verschafft Ihnen einen enormen Vorteil.

Das Einsteigen institutioneller Gelder in Krypto fügt eine weitere Dimension hinzu. Akteure aus der traditionellen Finanzwelt beginnen typischerweise mit einem Engagement in Bitcoin, wagen sich dann zu Ethereum, bevor sie DeFi und andere Sektoren erkunden. Ihre Einstiegspunkte signalisieren oft die Legitimierung bestimmter Kryptosektoren.

Hier erfahren Sie, wie Sie Ihre Fähigkeit zur Trendidentifizierung schärfen können.

Folgen Sie den Entwicklern, nicht den Influencern

Das nächste große Ding im Krypto-Bereich wird gerade von Programmierern gebaut – nicht von denen, die YouTube-Thumbnails mit schockierten Gesichtern gestalten. Verfolgen Sie GitHub-Commits, nicht die Abonnentenzahlen.

Beobachten Sie technische Diskussionen auf Krypto-Twitter/X, in Discord-Servern und Entwicklerforen. Hören Sie genau hin, wenn mehrere respektierte Entwickler beginnen, dasselbe technologische Konzept zu erforschen.

Beobachten Sie die Bewegungen des Smart Money

Verfolgen Sie, wohin Risikokapitalfirmen wie Paradigm, a16z und Multicoin Capital investieren. Ihre Forschungsteams setzen Millionen ein, um vielversprechende Sektoren zu identifizieren, bevor diese Mainstream werden.

Wallet-Tracking-Tools können Ihnen zeigen, was erfahrene Krypto-Investoren kaufen, bevor größere Preisbewegungen stattfinden. Dienste wie

Nansen und Santiment bieten Einblicke in das Verhalten von „Whales“, das oft Marktveränderungen vorausgeht.

Identifizieren Sie die Schmerzpunkte

Die erfolgreichsten Krypto-Innovationen lösen reale Probleme. Ethereum ging das Problem der begrenzten Programmierbarkeit von Bitcoin an. Uniswap beseitigte die Einschränkungen zentralisierter Börsen. Layer-2-Lösungen begegneten den hohen Gebühren von Ethereum.

Fragen Sie sich: Was ist das größte ungelöste Problem im Krypto-Bereich derzeit? Hohe Gebühren, Cross-Chain-Interoperabilität, Benutzererfahrung, regulatorische Konformität, Skalierung? Die Projekte, die diese Herausforderungen effektiv angehen, werden den nächsten Zyklus anführen.

Marktübergänge kündigen sich nicht mit praktischen Warnschildern an. Sie geschehen, während die meisten Investoren von aktuellen Chancen abgelenkt sind. Vorbereitung ist alles.

Einen Trend oder eine Möglichkeit frühzeitig zu erkennen, ist nur die halbe Miete. Was Sie mit diesen Erkenntnissen machen, unterscheidet Spekulanten von strategischen Investoren. Sobald Sie wissen, wohin der Markt steuert, besteht der nächste Schritt darin, Ihr Portfolio so zu positionieren, dass Sie von aufstrebenden Projekten profitieren können, ohne sich übermäßigen Risiken auszusetzen. Gehen Sie strategisch vor.

Ihr Exposure aufbauen

Wie viel Ihres Portfolios sollten Sie in aufstrebende Kryptowährungen investieren? Das hängt von Ihrer Risikotoleranz ab, aber hier ist ein möglicher Ansatz:

Konservative Allokation (5-10 % Allokation):

- Fokussieren Sie sich auf etablierte Alternativen zu Ethereum (wie Solana, Avalanche, Polkadot).
- Begrenzen Sie das Exposure einzelner Projekte auf 1-2 % Ihres Gesamtportfolios.

- Investieren Sie nur in Projekte mit funktionsfähigen Produkten und nennenswerter Nutzung.

Ausgewogene Allokation (10-20 % Allokation):

- Integrieren Sie sowohl etablierte als auch vielversprechende Mid-Cap-Projekte.
- Erwägen Sie eine sektorenbasierte Diversifizierung (etwas DeFi, etwas Infrastruktur, etwas NFT/Gaming).
- Erlauben Sie eine 2-3 % Allokation für einzelne Projekte, von denen Sie überzeugt sind.

Risikoreiche Allokation (20-30 % Allokation):

- Beziehen Sie frühphasige Projekte mit soliden Grundlagen, aber begrenzter aktueller Verbreitung ein.
- Erwägen Sie kleine Positionen (0,5-1 %) in sehr frühen Projekten mit außergewöhnlichen Teams.
- Rebalancieren Sie aktiv, sobald sich Gewinner abzeichnen, und realisieren Sie regelmäßig Gewinne.

Dieser Filterprozess eliminiert etwa 95 % der neuen Projekte – was auch sinnvoll ist. Qualitativ hochwertige Investitionen sind selten, insbesondere im Bereich aufstrebender Kryptowährungen.

Unabhängig von Ihrem Ansatz sollten Sie den Anteil Ihres Portfolios in diesen Projekten nicht überstrapazieren. Viele Investoren tun genau das: Sie investieren 80 % in spekulative Mikro-Caps und nur 20 % in etablierte Projekte. Doch selbst die brillanteste Innovation braucht Zeit, um sich zu bewähren. Und viele konzeptionell starke Projekte scheitern an der Umsetzung.

Es ist verständlich, dass Sie brennende Fragen zu Meme-Coins wie DOGE und PEPE haben. Elon Musk brachte es in einem Forbes-Artikel kürzlich treffend auf den Punkt: „Wenn Sie erwarten, mit Meme-Coins zu gewinnen, sind Sie töricht; Sie werden nicht gewinnen. Setzen Sie nicht Ihre gesamten Ersparnisse auf einen Meme-Coin ... setzen Sie nicht alles aufs Spiel."

Meme-Coins bieten in der Regel kaum einen Nutzen über die Spekulation hinaus. Viele erleben rasante Kursanstiege, gefolgt von ebenso steilen Abstürzen. Manche erholen sich nie wieder.

Die versteckten Gefahren, die die meisten Investoren ignorieren

Neben dem offensichtlichen Risiko, das falsche Projekt auszuwählen, bergen aufstrebende Kryptowährungen zusätzliche Gefahren, die selbst erfahrene Investoren in die Falle locken können:

- **Die Liquiditätsfalle:** Wenig gehandelte Token können erheblichen Kursrutschen ausgesetzt sein – manchmal um 10 bis 30 Prozent oder mehr, besonders während volatiler Phasen oder bei größeren Verkäufen. Überprüfen Sie stets das 24-Stunden-Handelsvolumen, bevor Sie bedeutende Beträge investieren.
- **Das regulatorische Roulette:** Neue Projekte bewegen sich häufig in regulatorischen Grauzonen. Eine einzige Ankündigung der SEC oder ein Verbot durch ein Land kann Kurse über Nacht einbrechen lassen. Diese niedlichen Tier-Token? Viele davon könnten als nicht registrierte Wertpapiere eingestuft werden.
- **Die Realität der aufgegebenen Projekte:** Entwicklungsteams können die Finanzierung, Motivation oder den Zusammenhalt verlieren. Einst vielversprechende Projekte verschwinden still mit vagen Ankündigungen über die „Erforschung strategischer Alternativen". Haben Sie immer eine Ausstiegsstrategie parat.
- **Das Risiko von Börsen-Delistings:** Kleinere Token können aufgrund von geringem Handelsvolumen oder regulatorischen Bedenken von Börsen entfernt werden. Infolgedessen bleiben Investoren mit Vermögenswerten zurück, die nur noch schwer verkäuflich sind.

Einige Investoren vertreten die Ansicht, Sie wären besser beraten, ausschließlich in Bitcoin und Ethereum zu investieren. Ihre Begründung: Die risikobereinigten Erträge sorgfältig ausgewählter Blue-Chips übertreffen häufig jene eines Portfolios spekulativer Wetten – insbesondere, wenn man die unvermeidlichen Verlierer berücksichtigt.

Der Realitätscheck

In aufstrebende Kryptowährungen zu investieren, ist kein Schnell-reich-werden-Schema. Es ähnelt eher der Investition in ein Startup. Projekte brauchen Zeit, um zu reifen, und die meisten überstehen nicht einmal einen vollständigen Marktzyklus. Die wenigen, die es schaffen, können außergewöhnliche Renditen liefern, aber sie sind die Ausnahme, nicht die Regel.

Ihr Vorteil liegt in gründlicherer Recherche, stärkerem Überzeugungsvermögen und strikterer Disziplin im Vergleich zum durchschnittlichen Investor. Setzen Sie klare Kriterien sowohl für den Kauf als auch für den Verkauf. Wissen Sie im Voraus, wie Erfolg aussieht, und realisieren Sie Gewinne, wenn Projekte Ihre Ziele erreichen. Diese Disziplin trennt Investoren, die echten Wert erfassen, von jenen, die zusehen, wie Buchgewinne wieder verpuffen.

Denken Sie daran: In der sich ständig weiterentwickelnden Kryptowelt ist es nicht das Ziel, jeden Gewinner zu erwischen. Es geht vielmehr darum, einige echte Innovationen zu entdecken und gleichzeitig das Meer wertloser Token zu meiden, die letztlich gegen null tendieren.

Ein überlegtes Vorgehen hilft Ihnen, sowohl große Chancen zu nutzen als auch Fehlstarts zu vermeiden.

Geld in Reserve halten

Die besten Gelegenheiten ergeben sich oft während Marktnotlagen, wenn qualitativ hochwertige Projekte 80 bis 90 Prozent unter ihren Höchstständen notieren. Ohne verfügbares Kapital verpassen Sie diese einmaligen Kaufgelegenheiten.

Halten Sie 10 bis 20 Prozent Ihres Krypto-Portfolios in Stablecoins, unabhängig von den Marktbedingungen. Sie müssen vorbereitet sein und Kapital bereithalten, wenn seltene, asymmetrische Chancen auftauchen. Sie wollen nicht mit leeren Händen dastehen, wenn sich das nächste große Ding ankündigt.

Während der dunkelsten Tage des Kryptowinters, wenn die Verzweiflung am größten ist und die Preise scheinbar unaufhaltsam fallen, setzen Sie dieses Kapital gezielt für Projekte ein, die Sie stark überzeugen, also solche mit positivem Cashflow und soliden Fundamentaldaten.

Das letzte Wort zur Marktentwicklung

Sich auf den nächsten Marktwandel vorzubereiten, erfordert Bewusstsein und Flexibilität. Die besten Krypto-Investoren kombinieren

- gründliche Recherche zur Erkennung aufkommender Trends
- diszipliniertes Positionsmanagement zur Risikosteuerung
- strategische Diversifikation über Marktsektoren hinweg
- geduldige Kapitaleinsetzung in extremen Bedingungen
- emotionale Stärke, um gegen die Marktstimmung zu handeln

Denken Sie daran: Wenn ein Krypto-Trend für jeden offensichtlich ist, wurde das leichteste Geld bereits verdient. Die größten Renditen entstehen, wenn Sie etwas erkennen, das andere noch nicht sehen.

Jagen Sie nicht dem Momentum von gestern hinterher. Positionieren Sie sich für den Paradigmenwechsel von morgen.

HELFEN SIE NEUEN INVESTOREN, IHREN WEG ZU FINDEN: TEILEN SIE IHRE BEWERTUNG!

Liebe Leserinnen und Leser,

Vielen Dank, dass Sie diesen Leitfaden zum Investieren in Kryptowährungen gelesen haben. Ich habe dieses Buch geschrieben, um Anfängern zu helfen, die Verwirrung rund um Kryptowährungsinvestitionen zu überwinden, und Ihre Meinung ist mir sehr wichtig. Würden Sie bitte eine Rezension für dieses Buch auf Amazon hinterlassen?

Rezensionen helfen nicht nur anderen Lesern. Sie heben wertvolle Ressourcen hervor und fördern eine bessere Bildung. Egal, ob Sie das Buch hilfreich fanden oder Verbesserungspotenzial entdeckt haben – Ihr Feedback zählt.

Wenn Sie sich ein paar Minuten Zeit nehmen, um Ihre Erfahrungen zu teilen, können Sie Folgendes tun:

- Anderen Krypto-Anfängern, verlässliche Informationen zu finden
- Die Qualität der Kryptowährungs-Bildungsressourcen zu verbessern
- Mir Einblicke für Aktualisierungen und neue Inhalte zu geben
- Vertrauen in einem oft von Verwirrung geprägten Bereich aufzubauen

Ihre Rezension muss nicht lang sein. Sie dauert nur 60 Sekunden!

Vielen Dank, dass Sie Teil dieser Gemeinschaft sind.

Viel Erfolg beim Investieren,

Lauren @ ModernMind Publications

SCHLUSSFOLGERUNG

Wir haben einen langen Weg zusammen zurückgelegt. Von den Grundlagen der Blockchain bis hin zu Steuerstrategien verstehen Sie jetzt Dinge, die die meisten Anleger nie lernen. Doch Wissen ohne Handeln bleibt nur Theorie.

Wie geht es nun weiter?

Nehmen Sie sich einen Moment Zeit und stellen Sie sich vor, wo Sie in einem Jahr stehen könnten. Sie haben Ihre erste Krypto-Wallet eingerichtet. Sie haben Ihre erste Investition getätigt. Sie haben Ihren ersten Marktrückgang ohne Panik überstanden – vielleicht haben Sie sogar während des Rückgangs nachgekauft.

Wie würde sich das anfühlen?

Vielleicht denken Sie: „Ich könnte endlich das Gefühl haben, beim Sparen für den Ruhestand aufzuholen."

Vielleicht ist es: „Ich könnte auf meine eigene Weise Wohlstand aufbauen, außerhalb eines Systems, das nicht für Menschen wie mich gemacht ist."

Oder einfach: „Ich könnte aufhören, Angst vor dem zu haben, was ich nicht verstehe."

Ihre Krypto-Reise könnte klein anfangen. Vielleicht 50 Dollar im Monat. Aber wie sieht es in fünf Jahren aus? Oder in zehn? Der Zinseszinseffekt einer konsequenten Investition, kombiniert mit dem Wachstumspotenzial der Blockchain-Technologie, könnte Ihre finanzielle Realität verändern.

André De Shields, ein Broadway-Darsteller und Tony-Award-Preisträger, sagte einmal: „Langsam ist der schnellste Weg, um dorthin zu gelangen, wo man sein möchte."

Stellen Sie sich vor, Sie erreichen Meilensteine, die Sie einst für unmöglich hielten:

- Tilgung von Altschulden durch Investitionserträge
- Aufbau eines Hochschulfonds, der mit steigenden Studiengebühren Schritt hält
- Schaffung passiver Einkommensströme, die Ihre Abhängigkeit vom Gehalt verringern
- Finanzierung des Traumurlaubs, der Hausrenovierung oder des Vorruhestands, den Sie lange aufgeschoben haben

Das ist kein Hirngespinst. Echte Menschen wie Sie haben es geschafft. Wie viele Bitcoin-Millionäre gibt es da draußen? Menschen, die aus einer Laune heraus 50 Dollar investiert haben und heute keinen einzigen Tag mehr arbeiten müssen? Solche Möglichkeiten gibt es vielleicht noch.

Was könnte das für Sie bedeuten?

Die Opportunitätskosten der Untätigkeit sind real. Während andere in diesem neuen Finanzsystem Wohlstand aufbauen, wollen Sie weiter zusehen? Werden Sie sich in fünf Jahren noch sagen: „Es ist zu spät" oder „Es ist zu riskant"?

Ich kann Ihnen nicht versprechen, dass Sie reich werden. Kein ehrliches Krypto-Buch sollte das. Aber ich kann versprechen, dass fundiertes Handeln auf Basis Ihres Wissens Chancen eröffnet, die Stillstand niemals bieten wird.

Beginnen Sie heute. Fangen Sie klein an, wenn nötig. Machen Sie frühzeitig Fehler, wenn noch wenig auf dem Spiel steht.

Und denken Sie daran: Sie müssen das nicht allein tun. Treten Sie Online-Gemeinschaften bei, in denen sich Anfänger gegenseitig unterstützen. Folgen Sie glaubwürdigen Stimmen, die ihre Einsichten ehrlich teilen. Lesen Sie dieses Buch erneut, wenn Sie sich unsicher fühlen.

Die Zukunft des Finanzwesens wird gerade jetzt geschrieben, und Sie halten den Stift in der Hand. Welche Geschichte werden Sie erzählen?

Ihre erste Transaktion steht bevor. Ihr erster Marktzyklus wartet. Ihr finanzieller Wandel beginnt jetzt.

Jetzt müssen Sie nur noch den ersten Schritt machen.

REFERENCES

- Authy. "Protect Your Crypto Accounts with Authy 2FA." https://authy.com/blog/protecting-your-cryptocurrency-with-authy/
- Axie Infinity Whitepaper. https://whitepaper.axieinfinity.com/
- Binance. "Binance DEX Overview." https://docs.binance.org/
- Binance. "Support Announcement: Binance Updates." https://www.binance.com/en/support/announcement/detail/360028031711
- Binance Academy. "Proof of Work Explained." https://academy.binance.com/en/articles/proof-of-work-explained
- BitGo. "Wallet and Custody Guide." https://www.bitgo.com/resources/wallet-and-custody-guide/
- Bitconned. Directed by Bryan Storkel. Netflix, 2024.
- Bitcoinist. "Solana (SOL) Jumped from $1.50 to $259 ATH in 2021." Bitcoinist, 2024. https://bitcoinist.com/solana-sol-jumped-from-1-50-to-259-ath-in-2021-experts-reckon-this-under-0-10-altcoin-could-replicate-the-same/
- Blockchain.com. Genesis Block Explorer. https://www.blockchain.com/explorer/blocks/btc/0
- Bloomberg. "JPMorgan's Blockchain Division Processing $300 Billion Daily." https://www.bloomberg.com/news/articles/2023-09-12/jpmorgan-s-blockchain-division-now-moving-300-billion-daily
- Bloomberg News. "El Salvador President Says Nation Adopts Bitcoin as Legal Tender." Bloomberg, June 9, 2021. https://www.bloomberg.com/news/articles/2021-06-09/el-salvador-president-says-nation-adopts-bitcoin-as-legal-tender
- Basic Attention Token. "Basic Attention Token (BAT)." https://basicattenti ontoken.org/
- Cambridge Bitcoin Electricity Consumption Index. https://ccaf.io/cbeci/index
- CarbonCredits.com. "The Energy Debate: How Bitcoin Mining, Blockchain, and Cryptocurrency Shape Our Carbon Future." Last modified 2024. https://carboncredits.com/the-energy-debate-how-bitcoin-mining-blockchain-and-cryptocurrency-shape-our-carbon-future
- Chainalysis. "2024 Crypto Hacking Year in Review: $1.7B Stolen, a Drop from 2022's Record-Breaking $3.7B." *Chainalysis Blog*, February 7, 2024. https://www.chainalysis.com/blog/crypto-hacking-stolen-funds-2024
- Chainlink Docs. "Decentralized Oracle Networks." https://docs.chain.link/docs/
- Chainlink Labs. "What Is Chainlink?" https://chain.link/education
- Circle. "What Is USDC?" https://www.circle.com/en/usdc

- CNN Business. "Coincheck Cryptocurrency Exchange Hack in Japan." CNN, January 29, 2018. https://money.cnn.com/2018/01/29/technology/coincheck-cryptocurrency-exchange-hack-japan/index.html
- Coin Bureau. "Cryptocurrency Margin Trading: Everything You Need to Know." https://coinbureau.com/education/cryptocurrency-margin-trading
- CoinDesk. "The Genesis Block: The First Bitcoin Block." https://www.coindesk.com/learn/the-genesis-block
- CoinDesk. "Vietnam Investigates ICO Fraud After $660 Million in Losses." CoinDesk, April 11, 2018. https://www.coindesk.com/markets/2018/04/11/vietnam-investigates-ico-fraud-after-660-million-in-losses-reported
- Coinbase. "Coinbase Wallet Security." https://www.coinbase.com/security/wallet-security
- Coinbase. "What Is a Crypto Wallet?"
- Coinbase. "What Are Ethereum Layer 2 Blockchains and How Do They Work?" https://www.coinbase.com/learn/crypto-basics/what-are-ethereum-layer-2-blockchains-and-how-do-they-work
- CoinLedger. "Best Crypto Tax Software in 2024." https://coinledger.io/tools/best-crypto-tax-software
- CoinLedger. "IRS Crypto Cost Basis Reporting Requirements (Rev. Proc. 2024-28)." https://coinledger.io/blog/irs-new-crypto-cost-basis-rules-rev-proc-2024-28
- CoinMarketCap. "Bitcoin Halving." https://coinmarketcap.com/halving/bitcoin/
- CoinMarketCap. "Cryptocurrency Market Capitalizations." https://coinmarketcap.com/charts/
- CoinMarketCap. "Top Cryptocurrency Exchanges by Volume." https://coinmarketcap.com/rankings/exchanges/
- CoinMarketCap. "Top DeFi Tokens by Market Capitalization." https://coinmarketcap.com/view/defi/
- CoinMarketCap. "Technical Analysis/Trend Analysis (TA)." https://coinmarketcap.com/academy/glossary/technical-analysis-trend-analysis-ta
- CoinTelegraph. "Top 5 Ways to Earn Passive Income with Crypto in 2025." https://cointelegraph.com/learn/articles/ways-to-earn-passive-income-with-crypto
- Cointelegraph. "The Mt. Gox Bitcoin Heist, and Why It Still Matters." https://cointelegraph.com/learn/articles/the-mt-gox-bitcoin-heist
- Cosmos Network. "Cosmos Whitepaper." https://cosmos.network/whitepaper
- CryptoSlate. "Satis Group Report: 78% of ICOs Are Scams." https://cryptoslate.com/satis-group-report-78-of-icos-are-scams/
- Decentraland Docs. "What Is Decentraland?" https://docs.decentraland.org/
- dYdX Foundation. "What Is dYdX?" https://dydx.foundation/
- Electric Coin Company. "Zcash: Privacy-Protecting Digital Currency." https://z.cash
- Estonian Government eHealth Foundation. "Blockchain and Healthcare." https://e-estonia.com/blockchain-healthcare-estonian-experience/

- ETF Market Insights. "Benefits of a Core-Satellite Investment Approach." https://etfmarketinsights.com/blog/benefits-of-a-core-satellite-investment-approach/
- Ethereum Foundation. "The Merge." https://ethereum.org/en/upgrades/merge/
- Ethereum.org. "Ethereum Whitepaper." https://ethereum.org/en/whitepaper/
- Fear and Greed Index. https://alternative.me/crypto/fear-and-greed-index/
- Federal Bureau of Investigation (FBI) Internet Crime Complaint Center (IC3). "Public Service Announcement: Increase in Crypto-Related Scams Targeting Americans." https://www.ic3.gov/PSA/2025/PSA250226
- Federal Reserve History. "The Great Recession and Its Aftermath." https://www.federalreservehistory.org/essays/great-recession-and-its-aftermath
- Filecoin Foundation. "What Is Filecoin?" https://filecoin.io
- Forbes. "What Crypto Investors Should Know About the IRS Tax Regime for 2025." https://www.forbes.com/sites/digital-assets/2024/07/07/what-crypto-investors-should-know-about-the-irs-tax-regime-for-2025
- Forbes. "What Is DeFi?" https://www.forbes.com/sites/digital-assets/article/what-is-defi/
- Gemini. "User Insurance and Security Practices." https://www.gemini.com/security
- Genesis Block - farawaystars. https://farawaystars.com/bitcoin-genesis-block/
- Harvard Business Review. "The Truth About Blockchain." https://hbr.org/2017/01/the-truth-about-blockchain
- IBM. "What Are Smart Contracts?" https://www.ibm.com/topics/smart-contracts
- IBM. "What Is Blockchain Technology?" https://www.ibm.com/topics/what-is-blockchain
- Independent. "Floyd Mayweather and DJ Khaled Fined Over Cryptocurrency ICO Scam." Independent, 2024. https://www.independent.co.uk/tech/floyd-mayweather-dj-khaled-cryptocurrency-ico-scam-bitcoin-centra-tech-sec-a8595971.html
- Investopedia. "Dollar-Cost Averaging (DCA) Explained." https://www.investopedia.com/terms/d/dollarcostaveraging.asp
- Investopedia. "Smart Contracts: What You Need to Know." https://www.investopedia.com/terms/s/smart-contracts.asp
- IRS. "401(k) Limit Increases to $23,500 for 2025, IRA Limit Remains $7,000." IRS, 2024. https://www.irs.gov/newsroom/401k-limit-increases-to-23500-for-2025-ira-limit-remains-7000
- IRS. "Digital Assets." Internal Revenue Service. https://www.irs.gov/filing/digital-assets
- IRS. "Treasury, IRS Issue Final Regulations Requiring Broker Reporting of Sales and Exchanges of Digital Assets." https://www.irs.gov/newsroom/treasury-irs-issue-final-regulations-requiring-broker-reporting-of-sales-and-exchanges-of-digital-assets-that-are-subject-to-tax-under-current-law-additional-guidance-to-provide-penalty-relief-address

- JPMorgan Chase. “Kinexsys by J.P. Morgan." https://www.jpmorgan.com/kinexys/index
- Larva Labs. "CryptoPunks." https://www.larvalabs.com/cryptopunks
- Ledger. "Hot Wallet vs Cold Wallet: What's the Difference?" https://www.ledger.com/academy/topics/security/hot-wallet-vs-cold-crypto-wallet-whats-the-difference
- Litecoin Foundation. "About Litecoin." https://litecoin.org
- Los Angeles Times. "Mt. Gox Bankruptcy and Bitcoin Loss." LA Times, February 28, 2014. https://www.latimes.com/business/technology/la-fi-tn-mt-gox-bankruptcy-bitcoins-20140228-story.html
- MakerDAO. "How DAI Works." https://makerdao.com/en/whitepaper/
- Monero.How. "How Monero's Privacy Works." https://www.monero.how/how-does-monero-privacy-work
- Monero Project. "Monero: Private Digital Currency." https://www.getmonero.org/resources/moneropedia/
- Multi-Signature (Multi-Sig) Wallets in Cryptocurrency: Enhancing Bitcoin Security and Flexibility. https://www.tftc.io/multi-signature-multi-sig-wallets-in-cryptocurrency-enhancing-bitcoin-security-and-flexibility/
- Nakamoto, Satoshi. "Bitcoin: A Peer-to-Peer Electronic Cash System." https://bitcoin.org/bitcoin.pdf
- Nasdaq. "How Bitcoin Fear and Greed Index Trading Strategy Beats Buy-and-Hold Investing." https://www.nasdaq.com/articles/how-bitcoin-fear-and-greed-index-trading-strategy-beats-buy-and-hold-investing
- NBA Top Shot. https://nbatopshot.com/
- Netflix. *Biggest Heist Ever.* Documentary. Directed by Seth Porges. Released 2024. https://www.netflix.com
- Netflix. *Bitconned.* Documentary. Directed by Bryan Storkel. Released January 2024. https://www.netflix.com
- NinjaTrader. "Cryptocurrency Futures Trading Strategies." https://ninjatrader.com/futures/blogs/cryptocurrency-futures-trading-strategies
- NIST. "Digital Identity Guidelines." https://pages.nist.gov/800-63-3/
- OSL. "How to Rebalance a Cryptocurrency Portfolio Effectively." https://osl.com/academy/article/how-to-rebalance-a-cryptocurrency-portfolio-effectively
- PancakeSwap Docs. "Getting Started with PancakeSwap." https://docs.pancakeswap.finance/
- Polkadot Network. "Polkadot Wiki." https://wiki.polkadot.network/
- Protocol Labs. "Filecoin Documentation." https://docs.filecoin.io/
- RealT. "Tokenized Real Estate Investment Platform." https://realt.co/
- Reuters. "Crypto Hackers Stole Around $1.7 Billion in 2023." Reuters, January 24, 2024. https://www.reuters.com/technology/cybersecurity/crypto-hackers-stole-around-17-bln-2023-report-2024-01-24

- Shift Markets. “What Is a Hybrid Crypto Exchange?” ShiftMarkets.com. https://www.shiftmarkets.com/blog/what-is-a-hybrid-crypto-exchange
- Shrimpy. "Automated Portfolio Management for Crypto Investors." https://www.shrimpy.io
- Solana Foundation. "Solana Documentation: Proof of History." https://solana.com/docs
- Synthetix Docs. "What Are Synthetic Assets?" https://docs.synthetix.io/
- TechCrunch. "Bitconnect, Accused of Running a Ponzi Scheme, Shuts Down." TechCrunch, January 16, 2018. https://techcrunch.com/2018/01/16/bitconnect-which-has-been-accused-of-running-a-ponzi-scheme-shuts-down
- Tether. "Transparency and Reserves.” https://tether.to/en/transparency/
- The Guardian. "QuadrigaCX Canada Cryptocurrency Exchange Locked Funds." The Guardian, February 4, 2019. https://www.theguardian.com/technology/2019/feb/04/quadrigacx-canada-cryptocurrency-exchange-locked-gerald-cotten
- The Nitty-gritty of Bitcoin Mining: How Exactly Does it Work? - UPay Blog. https://blog.upay.best/the-nitty-gritty-of-bitcoin-mining-how-exactly-does-it-work/
- The Sandbox. "Virtual Land Economy." https://www.sandbox.game/en/land/
- The Wall Street Journal. "Bitcoin Is Surging, and the IRS Is Watching Closer Than Ever." https://www.wsj.com/personal-finance/taxes/the-hardest-part-of-cashing-in-bitcoin-is-getting-the-taxes-right-88f85487
- THORChain Docs. "Cross-Chain Liquidity Protocol." https://docs.thorchain.org/
- TradingView. "Bitcoin Dominance Chart." https://www.tradingview.com/symbols/CRYPTOCAP-BTC.D/
- Trakx. “Bitcoin Pizza Day: The $680 Million Pizza Order That Made History.” Trakx.io. https://trakx.io/resources/insights/bitcoin-pizza-day/#:~:text=Bitcoin%20Pizza%20Day%2C%20celebrated%20every,first%20step%20into%20everyday%20commerce.
- Trezor. "Trezor Hardware Wallet Models." https://trezor.io/compare
- Trust Wallet. "Trust Wallet: Secure Multi-Coin Wallet." https://trustwallet.com/
- U.S. Department of the Treasury. "Troubled Asset Relief Program (TARP)." https://home.treasury.gov/data/troubled-assets-relief-program
- Uniswap Docs. "What Is Uniswap?" https://docs.uniswap.org/
- Wallet Guard. "Protecting Web3 Users from Phishing and Fraud." https://walletguard.app/
- Washington Post News. "Bitcoin Mining: Understanding the Backbone of Bitcoin's Blockchain." https://wpostnews.com/bitcoin-mining-understanding-the-backbone-of-bitcoins-blockchain/
- Web3 Foundation. "Introduction to Polkadot." https://polkadot.network/Polkadot-whitepaper.pdf
- World Economic Forum. "The Future of Financial Infrastructure." https://www3.weforum.org/docs/WEF_The_future_of_financial_infrastructure.pdf

- Yahoo Finance. "FTX's Collapse Wiped Out $200 Billion." Yahoo Finance, 2024. https://finance.yahoo.com/news/ftxs-collapse-wiped-200-billion-154835453.html
- Yearn Finance. "About Yearn." https://docs.yearn.finance/
- Zcash Docs. "zk-SNARKs Explained." https://z.cash/technology/zksnarks/
- 3Commas. "Smart Trading Terminals and Automated Bots." https://3commas.io

Made in United States
Troutdale, OR
11/03/2026

56847568R00095